Daniele Gasparri

Galassie

Proprietà, formazione ed evoluzione dei mattoni dell'Universo

In copertina, fronte: La galassia a spirale M74 ripresa dal telescopio spaziale Hubble.
In copertina, retro: L'Hubble ultra deep field, la ripresa più profonda del
cosmo, rivela 10000 galassie in un'area 50 volte più piccola della Luna piena.

Prefazione

Meno di un secolo fa si pensava che l'Universo fosse confinato alla nostra galassia, la Via Lattea. 90 anni dopo sappiamo che l'Universo contiene almeno 500 miliardi di galassie grandi come la nostra, che spesso si influenzano reciprocamente a causa dell'immensa forza gravitazionale.

Come si è passati dalla concezione di un Universo statico e piccolo, a quella di un luogo sterminato e in perenne evoluzione? Quali sono le domande che hanno ricevuto risposta e quali quelle ancora irrisolte?

Questo volume cerca di dare una panoramica chiara e sintetica sulle galassie, i mattoni dell'Universo, enunciando le principali problematiche e le caratteristiche più profonde di questa classe di oggetti che popola tutto l'Universo conosciuto.

Senza soffermarsi su pesanti formule matematiche, si sono enfatizzate le nozioni più originali e stravaganti, spesso sconosciute al grande pubblico che si limita ad ammirare questi oggetti dalla forma unica.

Avrete davanti a voi sicuramente molte sorprese, a cominciare dalla forma veramente incredibile di alcuni di questi oggetti, per poi passare alle dimensioni, alla loro dinamicità, fino ad immergervi in problemi astrofisici ancora non risolti, come la materia oscura, gli scontri galattici, la formazione e l'esistenza dei bracci di spirale.

Avrete anche la possibilità di conoscere il lavoro intenso ed interessante di migliaia di astronomi, i quali cercano risposte a domande che ogni essere umano si è posto almeno una volta nella vita: come funziona l'Universo? Cosa c'è nell'enorme vastità dello spazio?

Ogni capitolo cerca di coinvolgere il lettore e far capire come, sebbene la scienza abbia un linguaggio a volte difficile da comprendere, le domande e i principi da cui si sviluppano tutte le teorie partono da semplici osservazioni. Questa è l'essenza della scienza, in particolare dell'astronomia: alzare gli occhi al cielo, spinti dalla curiosità di osservare ciò che si trova oltre la nostra sottile atmosfera, e porci semplicemente delle domande.

Godetevi lo spettacolo che offre il nostro Universo e gli sforzi fatti dagli esseri umani nel cercare di comprenderne il funzionamento.

Daniele Gasparri, Luglio 2010

Indice

Introduzione

Le galassie sono dei giganteschi agglomerati di gas e stelle, contenenti la quasi totalità della massa visibile dell'intero Universo.

In una galassia media si trovano centinaia di miliardi di stelle e grandi quantità di gas e polveri.

Se disponessimo di un telescopio abbastanza potente, qualsiasi zona di cielo puntassimo lontano dal disco della Via Lattea, troveremmo migliaia di galassie in uno spazio molte volte più piccolo della Luna piena vista ad occhio nudo.

Le galassie sono presenti in ogni punto della sfera celeste e sono distribuite in modo pressoché uniforme lungo tutto lo spazio: ogni zona di cielo che inquadriamo nasconde circa lo stesso numero di galassie.

Secondo le ultime stime, si pensa che vi siano più galassie nell'Universo che stelle nella Via Lattea, la nostra galassia; un numero prossimo a 500 miliardi!

Se supponiamo che ogni galassia abbia in media 100 miliardi di stelle, possiamo stimare il numero di stelle nell'Universo osservabile, pari a circa $5 \cdot 10^{22}$, cioè un 5 seguito da 22 zeri!

Ogni galassia ha dimensioni tipiche di decine, o centinaia, di migliaia di anni luce, le più grandi di milioni di anni luce, distanziate le une dalle altre da enormi spazi vuoti, decine o centinaia di volte maggiori delle dimensioni galattiche.

Le galassie si presentano a gruppi, detti ammassi di galassie, formati da decine o centinaia di componenti in rotazione attorno al comune centro di massa.

Gli ammassi di galassie formano a loro volta i superammassi, composti da decine di migliaia di galassie: nell'Universo non esiste una galassia completamente isolata da tutte le altre.

L'intero Universo sembra essere permeato da una rete, una specie di connessione primordiale che tiene connesse tutte le galassie.

Una spettacolare immagine del telescopio spaziale Hubble, nella pagina seguente, può darci un'idea di come appare una piccola porzione di cielo presa a caso tra la vastità della sfera celeste: questo è ciò che realmente si osserva nello spazio e nel tempo, in uno spaccato profondo circa 13 miliardi di anni, ovvero dall'epoca attuale fino ad 1 miliardo di anni dopo la nascita dell'Universo.

L'Hubble ultra deep field è la ripresa più profonda effettuata fino ad oggi e mostra uno spaccato casuale del nostro Universo contenente circa 10000 galassie fino alla magnitudine 30. Questa immagine ha richiesto una posa complessiva di ben 11,3 giorni. Analizzando questo scorcio di cielo, gli astronomi hanno stimato nell'Universo osservabile circa 500 miliardi di galassie.

L'immagine ripresa dal telescopio spaziale Hubble è la più profonda mai effettuata e ritrae oggetti fino alla magnitudine 30.
In questa piccola porzione di cielo, 50 volte inferiore a quella della Luna piena, si possono contare circa 10000 galassie a diverse distanze,

un ottimo spaccato di come è distribuita la materia visibile nell'Universo.

Le galassie sono molto diverse le une dalle altre.

Una prima classificazione verrà fatta in base alla forma tra ellittiche e spirali, ma anche all'interno di queste due grandi famiglie esistono altri gruppi.

Sebbene le regole della Natura siano stringenti ed abbiano plasmato allo stesso modo questi immensi e spettacolari oggetti, è difficile trovarne due identici, poiché molte sono le variabili che ne influenzano le dimensioni, la forma (reale e apparente), il colore e la distribuzione di stelle e gas al loro interno.

Il Sole e il Sistema Solare appartengono ad una galassia chiamata Via Lattea, alla stregua di tutte le stelle che possiamo ammirare in cielo ad occhio nudo o con un piccolo telescopio.

Le dimensioni galattiche sono immense e fuori da ogni immaginazione: la Via Lattea ha un diametro visibile stimato in circa 100000 anni luce.

E' utile ricordare che l'anno luce corrisponde alla distanza percorsa in un anno da un raggio di luce, che nel vuoto ha una velocità fissata a circa 300000 km/s; in un anno la luce percorre quindi circa 9600 miliardi di km: impressionante!

Nonostante l'immensa velocità (nulla può andare più veloce della luce e nessun corpo dotato di massa la può raggiungere, si parla quindi di velocità limite), un raggio di luce impiega 100000 anni per attraversare il disco della Via Lattea ed oltre 2 milioni di anni per giungere alla galassia più vicina, Andromeda, l'oggetto più lontano visibile ad occhio nudo, destinata un giorno a scontrarsi con la nostra.

Non preoccupatevi di questo scontro tra titani; le galassie sono oggetti molto diffusi e la distanza media tra le stelle è così elevata che è quasi impossibile che durante uno scontro si scontrino anche esse. Inoltre, esso avverrà non prima di un paio di miliardi di anni.

Vedremo nel capitolo 7 che uno scontro galattico assomiglia di più ad un attraversamento di due nubi o due banchi di nebbia.

Nelle galassie, soprattutto nelle spirali, si formano continuamente nuove stelle, e la struttura, di cui daremo spiegazione nelle pagine seguenti, è in perenne movimento ed evoluzione.

Benché possano apparire statiche ed immobili, ogni galassia è in realtà un oggetto estremamente dinamico, nel quale nascono, evolvono, muoiono, stelle, pianeti, nebulose, il tutto alla velocità orbitale di appena 200 km/s (!) attorno al centro.

Nel centro di ogni galassia è presente un buco nero con massa milioni o miliardi di volte quella del Sole, che risucchia stelle e gas nelle immediate vicinanze.

E' molto difficile dare spiegazione e giustificazione fisica della formazione, evoluzione e dinamica delle galassie, anche perché neanche gli astronomi professionisti sono riusciti ancora in questo intento.

Nelle pagine seguenti analizzeremo questi oggetti con semplicità e rigore scientifico, cercando di dare delle nozioni facili da apprendere, ma allo stesso tempo precise e spesso piuttosto particolari.

1. Proprietà e classificazione delle galassie

1.1: Distribuzione delle galassie nel cielo dalla survey in infrarosso 2MASS, la quale ha catalogato 1,5 milioni di galassie. In primo piano la Via Lattea, il cui disco oscura alcune regioni dietro di essa che risultano pertanto invisibili. Ogni punto rappresenta una galassia. La distribuzione su grande scala (oltre 300 milioni di anni luce) è uniforme. Possiamo vedere anche aggregati più o meno estesi: si tratta di ammassi e superammassi. Nessuna galassia nell'Universo è completamente isolata.

Nell'Universo esistono miliardi e miliardi di galassie, alcune simili alla nostra, altre molto diverse, ma tutte hanno in comune una cosa: sono degli immensi aggregati di stelle e gas.

Quasi tutta la materia visibile è confinata nelle galassie, che a loro volta sono concentrate in gruppi più o meno grandi chiamati ammassi, o addirittura superammassi (quando sono composti da migliaia di componenti). Tra due galassie appartenenti ad un ammasso mediamente denso esistono degli sterminati spazi praticamente vuoti, con densità minori di un atomo per metro cubo, contro i 10 atomi per centimetro cubo dello spazio interplanetario, 1 atomo ogni centimetro cubo degli spazi interstellari, e ben 10^{19} molecole ogni centimetro cubo dell'atmosfera terrestre a livello del mare!

Nonostante molte siano raggruppate in famiglie gravitazionalmente legate, le distanze in gioco tra due galassie non interagenti direttamente sono dell'ordine di qualche milione di anni luce.

La galassia più vicina alla nostra è Andromeda, posta a circa 2,4 milioni di anni luce, seguita da M33 nel Triangolo, a 2,5 milioni di anni luce. Queste tre galassie fanno parte di un ammasso contenente circa una trentina di componenti, chiamato gruppo locale (capitoli 2-3).

1.1 La vera natura di alcune nebulose

Le semplici considerazioni che abbiamo appena fatto in apertura di questo capitolo hanno richiesto decine di anni di intensi studi da parte dei migliori astronomi del ventesimo secolo. In onore all'immenso lavoro e al grande genio degli scienziati dell'epoca, vale la pena ripercorrere il percorso che ha portato alla "scoperta" delle galassie e delle loro principali proprietà.

Agli inizi del ventesimo secolo si pensava infatti che l'Universo fosse un luogo confinato alla nostra Galassia e principalmente statico, visto che i telescopi di quel tempo non erano ancora riusciti ad osservare le stelle delle galassie, fino a quel momento considerate semplici nebulose di natura ignota.

A partire dalla seconda metà dell'800, con gli strumenti allora in possesso degli astronomi, furono tracciati i primi, incerti confini di quello si pensasse essere l'Universo: la nostra galassia.

Il primo astronomo a proporre questa prima rozza mappa fu William Herschel, alla fine del diciottesimo secolo.

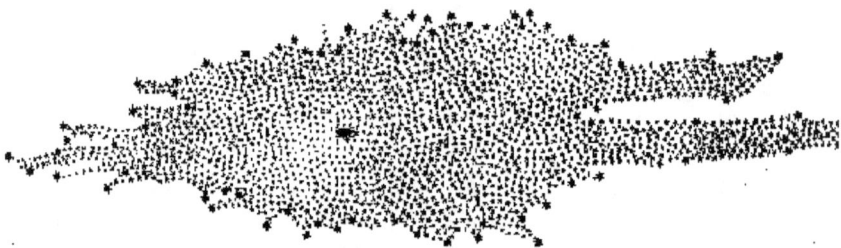

Fig. 1.1: Rappresentazione dell'Universo secondo William Herschel. Egli studiò la posizione delle stelle, assumendole tutte di uguale luminosità, e definì i confini di quello si pensava essere l'Universo, centrato sulla posizione del Sole (punto nero al centro). In realtà quella rappresentata era solamente una piccola porzione della Via Lattea, una delle miliardi di galassie che popolano l'Universo.

Herschel partì dall'assunzione che tutte le stelle visibili in cielo hanno circa la stessa luminosità (sbagliato!), quindi diverse luminosità apparenti corrispondono a diverse distanze reali.

Misurando accuratamente numero e luminosità di molte stelle visibili con i telescopi del tempo, egli costruì un grafico nel quale la distribuzione delle stelle dava i confini di quello che si pensava fosse l'Universo.

Ne risultò che l'Universo allora conosciuto aveva una forma piuttosto schiacciata, con il Sole posto circa al centro.

In realtà il modello di Herschel era solo una rozza approssimazione della forma della nostra Galassia, una delle miliardi di isole di stelle che popolano l'attuale Universo conosciuto, ma sarebbero stati richiesti ancora molti anni per capirlo.

Successivamente, Shapley, studiando la distribuzione degli ammassi globulari, riuscì, attraverso la stima della distanza con il metodo delle Cefeidi da poco messo a punto da Herrietta Leavitt, a capire che il centro della Galassia si doveva trovare a circa 8 Kpc dal Sole (8 mila parsec, ovvero 26000 anni luce) e che la sua forma era circa sferica.

Il lavoro di Shapley era molto più accurato di quello di Herschel e portò ad identificare in modo piuttosto preciso la posizione del Sole all'interno della Galassia.

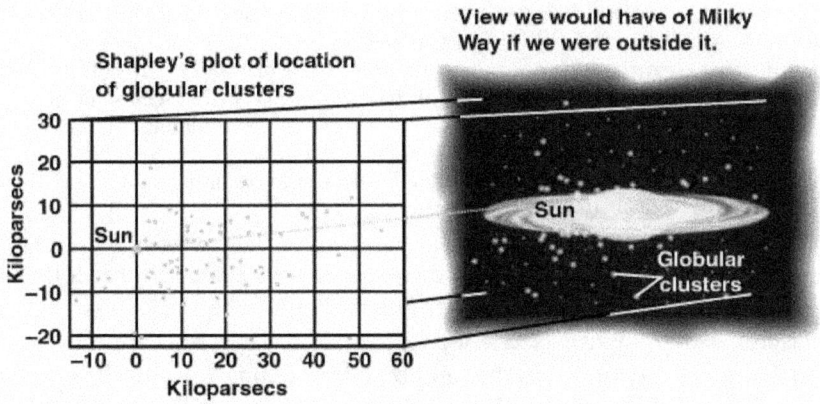

Fig. 1.2: Attraverso lo studio della distribuzione e della luminosità degli ammassi globulari, Shapley riuscì a completare la prima mappa della Galassia, che a quel tempo (primi del 900) si credeva essere tutto l'Universo.

Shapley in realtà sbagliò a misurare la distanza degli ammassi globulari perché quelle che lui individuò come Cefeidi erano in realtà RR-Lyrae.

La sostanza comunque non cambiò: l'Universo allora conosciuto, la nostra galassia, aveva un centro di gravità posto a circa 26000 anni luce dalla posizione del Sole.

L'Universo non era più centrato attorno al nostro Sistema Solare.

Il lavoro di Shapley aveva dato un altro colpo fondamentale e definitivo alla mai morta teoria antropocentrica, che per secoli ha messo al centro di tutto l'uomo, la Terra o il Sole.

Con tecniche di osservazione più raffinate e lo studio più approfondito della relazione periodo-luminosità per le Cefeidi, i confini dell'Universo furono raffinati e cominciarono a costruirsi anche le prime mappe attendibili della Galassia.

La scienza astronomica, almeno sotto questo punto di vista, sembrava aver trovato un punto d'arrivo molto ben saldo, se non per un piccolo, quasi marginale dettaglio: la presenza e la spiegazione

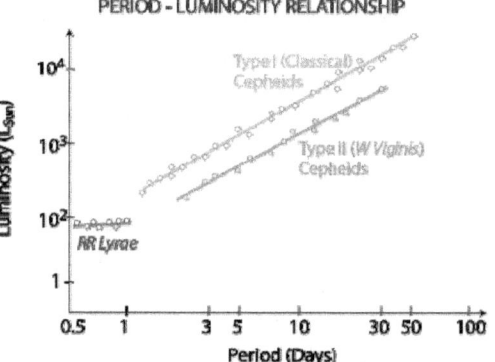

Fig. 1.3: Le Cefeidi sono stelle variabili il cui periodo di variazione dipende dalla luminosità assoluta. Il metodo è stato sviluppato da Herrietta Lewitt nel primi anni del 900 e permette di risalire alla distanza di queste stelle analizzandone il periodo di variazione della luminosità. Le Cefeidi sono molto brillanti, tanto che possono essere osservate anche a distanze di diversi milioni di anni luce.

dei numerosi oggetti di aspetto diffuso e la loro collocazione nella Galassia e in un modello astrofisico-cosmologico che prevedesse la loro nascita, e che giustificasse le loro dimensioni e la loro struttura.

Al tempo di Shapley, infatti, erano stati catalogati moltissimi oggetti di aspetto diffuso, molto diversi dalle stelle o dagli ammassi stellari. Lo stesso William Herschel ne catalogò qualche migliaio oltre un secolo prima.

La diatriba su questi oggetti, che non potevano certo essere trascurati visto l'elevato numero, si fece ben presto accesa.

Le cosiddette nebulae, infatti, erano oggetti da alcuni attribuiti alla nostra stessa galassia, quindi tutte appartenenti alla famiglia delle nebulose più famose, come quella di Orione. Per altri, alcune di esse, con forme particolari, potevano essere degli oggetti estremamente distanti, dall'aspetto nebuloso apparente dovuto alla estrema lontananza.

Le nebulae più interessanti sembravano disporsi ovunque tranne nel disco galattico e il loro spettro si mostrava molto diverso rispetto alle nebulose poste nel disco, con un'emissione continua marcata ed uno spostamento verso il rosso (redshift) a volte piuttosto accentuato.

Se questi oggetti facevano parte della Galassia, erano una classe molto particolare e diversa rispetto alle altre nebulose conosciute.

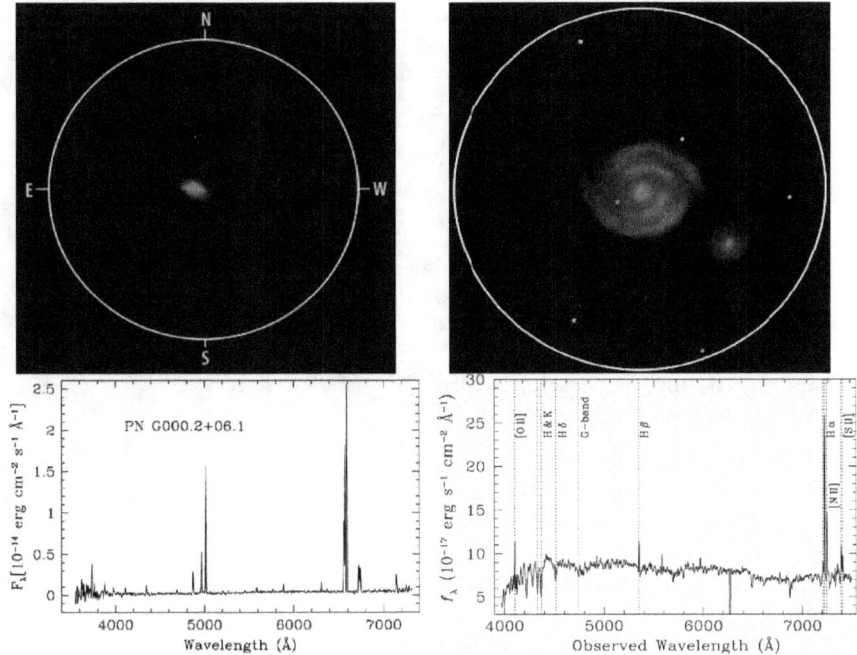

Fig. 1.4: Alcuni oggetti diffusi mostrano uno spettro a righe ben marcato, a sinistra, altri, invece, mostrano molte più righe, sovrapposte ad un'emissione continua ed un elevato redshift (notate come la riga H-alpha dovrebbe trovarsi a 6562,8 Angstrom). Sebbene simili al telescopio (in alto), sono fisicamente profondamente diversi. Questo era lo scenario che si presentava agli astronomi agli inizi del ventesimo secolo.

La diatriba era molto accesa, perché molto importante era l'implicazione sulle teorie allora esistenti e sulla struttura stessa dell'intero Universo.

Se alcune nebulae, in particolare quelle a forma di spirale, erano oggetti posti fuori dalla nostra Galassia, allora ciò significava distruggere tutte le teorie precedenti che consideravano la Via Lattea l'Universo stesso.

Con l'ammissione dell'esistenza di altre galassie nell'Universo, si sarebbero ampliati i suoi confini di almeno un fattore 100, se non 1000, facendo di nuovo cadere questa condizione antropocentrica che pone la Galassia al centro di tutto l'Universo.

Anche questo ultimo baluardo di antropocentrismo cadde, quando negli anni venti Edwin Hubble, astronomo americano, fornì prove inconfutabili che alcune nebulae sono in realtà degli immensi aggregati di stelle, del tutto simili alla Via Lattea, poste molto oltre i suoi confini.

Esponendo lastre fotografiche al fuoco del grande telescopio di Monte Wilson, in California, il telescopio a quel tempo più potente del mondo, egli riuscì a risolvere alcune stelle, dapprima nella grande nebulosa di Andromeda, successivamente in altre nebulose (M33, ad esempio).

Se queste nebulose contenevano almeno migliaia di stelle, sparse su un'area apparente almeno 10 volte maggiore di quella della Luna piena, era evidente che esse do-

1.2: La storica immagine della Nebulosa di Andromeda, scattata da Edwin Hubble, nella quale l'astronomo americano individuò una variabile Cefeide, grazie alla quale ne stimò la distanza. La nebulosa di Andromeda divenne la galassia di Andromeda, simile alla nostra Via Lattea ed esterna ad essa. L'Universo conosciuto crebbe spaventosamente in dimensioni. L'astronomia, da quel momento, subì una rivoluzione totale.

vevano essere poste estremamente lontano dal Sole e che le loro dimensioni dovevano essere simili a quelle della nostra Galassia.

Questa ipotesi si rivelò ben presto confermata da dati molto più solidi. L'identificazione di alcune Cefeidi all'interno di queste "nebulose" permise ad Hubble di stimarne la distanza, quindi anche le dimensioni reali, ottenendo dati inattaccabili dai sostenitori dell'appartenenza di questi oggetti alla Via Lattea.

La Galassia di Andromeda risultò distante 1 milione di anni luce, con un'estensione reale molto simile a quella che lo stesso Shapley, sostenitore della natura locale delle nebulae, calcolò per la Via Lattea.

L'Universo di colpo crebbe in modo spaventoso in dimensioni: la Via Lattea divenne una delle tante galassie a popolare uno spazio sterminato ed estremamente vuoto, poiché la distanza media delle galassie era dell'ordine di qualche milione di anni luce, contro le decine di migliaia della loro estensione.

1.3: Osservando le "nebulose spiraliformi" con telescopi più potenti è facile osservare le singole stelle che compongono questi giganteschi agglomerati e capire che si tratta di oggetti posti oltre i confini della nostra galassia. In questa immagine la galassia M51, la stessa della figura 4.6, questa volta ripresa dal telescopio spaziale Hubble, che l'ha risolta completamente in stelle e nubi gassose.

1.2 L'espansione dell'Universo

La scoperta della natura extragalattica di alcune nebulae si rivelò essere un vero e proprio vaso di Pandora, dal quale in pochi anni uscirono idee che hanno rivoluzionato la scienza e la conoscenza dell'intero Universo.

Andiamo per gradi, cercando di percorrere tutti i rivoluzionari risultati di questa epocale scoperta, ponendoci presumibilmente le stesse domande che Hubble si è posto durante le sue ricerche.

Le prime domande che possiamo porci, un po' come se fossimo dei bambini curiosi in cerca di risposte, sono:

Come possiamo studiare questi nuovi oggetti extragalattici?

Quali informazioni possiamo ricavare?

Questa è l'essenza del ricercatore, in particolare dell'astronomo: porsi domande che ogni bambino si è posto nel corso della propria esistenza e cercare di rispondervi con i mezzi e la conoscenza acquisita nell'età adulta.

Il grande Albert Einstein sintetizzò molto bene il pensiero che mosse l'enunciazione della teoria della relatività, e che ben si adatta alla concezione di ogni scienziato: *"Certe volte mi domando perché sia stato proprio io ad elaborare la teoria della relatività. La ragione, a parer mio, è che normalmente un adulto non si ferma mai a riflettere sui problemi dello spazio e del tempo. Queste sono cose a cui si pensa da bambini. Io invece cominciai a riflettere sullo spazio e sul tempo solo dopo essere diventato adulto. Con la sola differenza che studiai il problema più a fondo di quanto possa fare un bambino."*

Tornando al nostro problema che riguarda le galassie "appena scoperte", vediamo come rispondere alle domande che da bravi bambini ci poniamo, senza alcun limite.

In astronomia non abbiamo molta scelta, visto che non possiamo raggiungere i corpi celesti e non possiamo certo riprodurli in laboratorio:

1) Analisi della quantità di luce, eventualmente in funzione del tempo.
2) Analisi della quantità di luce ricevuta in funzione della lunghezza d'onda, cioè lo spettro.
3) Analisi temporale di eventuali fenomeni periodici.

Il terzo punto si usa solamente in casi estremamente particolari, non certo in questa situazione; il primo punto ha portato alla scoperta della natura extragalattica di questi oggetti e della stima della loro distanza attraverso l'analisi della luce delle variabili Cefeidi al loro interno.

Non rimane che approfondire il secondo punto, cioè lo studio dello spettro, che può darci sicuramente indicazioni sulla composizione chimica, sull'eventuale rotazione (effetto doppler), quindi sulla velocità orbitale delle stelle e sull'intera massa della galassia; insomma, parecchie informazioni potenzialmente estremamente preziose.

Fu sempre Hubble che analizzando lo spettro delle galassie di cui era nota la distanza (mediante il metodo delle Cefeidi), riuscì a trovare la relazione fondamentale per lo sviluppo della cosmologia moderna.

Egli scoprì, infatti, che più le galassie sono lontane, maggiore è lo spostamento verso il rosso del loro spettro.

Se la riga H-alpha dell'idrogeno cade, in condizioni di quiete, a 656,3 nm (nanometri), per le galassie lontane questa risulta spostata verso lunghezze d'onda maggiori (verso il rosso), ad esempio a 660 nm.

Lo spostamento verso il rosso delle linee spettrali è un fenomeno ben conosciuto anche a livello locale ed il responsabile è l'effetto doppler: una sorgente luminosa (o sonora) che si allontana dall'osservatore (o l'osservatore che si allontana dalla sorgente, per il principio di relatività) mostra uno spettro (luminoso o sonoro) che si sposta verso il rosso, in misura proporzionale alla velocità della sorgente (o dell'osservatore) nella direzione dell'osservatore. Maggiore è lo spostamento, maggiore è la velocità radiale (cioè la componente diretta verso l'osservatore). Questa tecnica viene utilizzata anche nello studio e scoperta di pianeti extrasolari o stelle doppie, oppure dagli apparecchi laser in dotazione alla polizia per la rilevazione della vostra velocità sulla strada!

Anche voi potete fare una semplice esperienza analizzando il suono di una sirena (ambulanza, polizia...chiunque) che si muove rispetto a voi: quando essa si avvicina

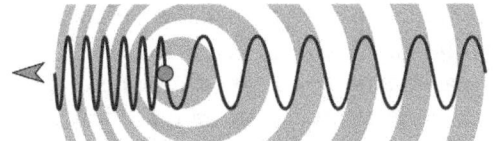

Fig. 1.5: L'effetto doppler è la variazione di lunghezza d'onda e frequenza di un'onda quando l'osservatore o la sorgente si muovono l'uno rispetto all'altro.

13

il suono è acuto, ma nel momento in cui vi sorpassa e poi si allontana, il tono cambia e si fa improvvisamente più grave.

Questo è l'effetto doppler: lo spettro dell'onda sonora in allontanamento si sposta verso lunghezze d'onda maggiori (verso il rosso) e diventa più grave; viceversa, quando si avvicina risulta spostato verso le lunghezze d'onda blu e si sente più acuto.

A quel tempo già si conosceva la relazione che lega lo spostamento delle linee spettrali alla velocità radiale del corpo celeste coinvolto, attraverso la formula dell'effetto doppler: $\dfrac{\lambda_{Oss} - \lambda_0}{\lambda_0} = \dfrac{\Delta\lambda}{\lambda} = \dfrac{v_r}{c}$ dove λ_{Oss} è la lunghezza d'onda di una riga di emissione o assorbimento nello spettro della galassia, λ_0 è la lunghezza d'onda della stessa riga in quiete, cioè ottenuta in laboratorio in un sistema di riferimento solidale con l'osservatore, c è la velocità della luce nel vuoto, v_r è la cosiddetta velocità radiale, cioè la componente di velocità del corpo lungo la linea di vita, nella direzione dell'osservatore.

Conoscendo semplicemente la differenza tra lunghezza d'onda misurata e quella di riferimento, $\Delta\lambda$, si può ricavare facilmente la velocità radiale della sorgente: $v_r = c\dfrac{\Delta\lambda}{\lambda_0}$ (formula approssimata per velocità lontane da quella della luce).

Quale è stata allora la rivoluzione di Hubble, se l'effetto doppler della luce era ben conosciuto anche alla sua epoca?

Abbiamo appena scoperto che in alcune nebulose vi sono delle stelle, alcune delle quali sono delle variabili ben conosciute, il cui periodo di variabilità è proporzionale alla loro luminosità intrinseca, cioè alla magnitudine assoluta. Conoscendo il periodo di pulsazione possiamo quindi conoscere la distanza della stella, scoprendo che si trova a milioni di anni luce da noi.

Analizzando lo spettro di decine di galassie, le cui distanze erano ormai note attraverso il metodo delle Cefeidi, Hubble scoprì una cosa curiosa: tutte, ad eccezione di Andromeda e pochissime altre a noi vicine, si allontanano dalla Via Lattea, poiché il loro spettro è spostato verso il rosso.

Come è possibile una cosa del genere? Se siamo noi a muoverci in una direzione allora dovremmo vedere delle galassie in allontanamento ma altre in avvicinamento (verso la direzione del moto). Se noi stiamo fermi, possibile che tra migliaia di galassie sparse per tutto il cielo, solo 2-3 si avvicinino a noi?

La risposta è già scritta nei dati: Hubble scoprì infatti che maggiore è la distanza della galassia, maggiore è la sua velocità di allontanamento da noi, a prescindere dalla zona di cielo inquadrata. Una delle pochissime galassie in avvicinamento è Andromeda che poi è quella a noi più vicina; le più distanti, conosciute a quel tempo si allontanavano addirittura ad oltre 10000 km/s!

A questo punto, le possibili spiegazioni sono solo 2:

1) la nostra Galassia è in un sistema privilegiato, presumibilmente al centro dell'Universo e sta ferma; esse si allontanano da noi per qualche strano motivo.

2) La nostra Galassia si trova in un punto qualunque dell'Universo ed esso si sta espandendo, o meglio, si espande lo spazio tra le galassie. Esse in realtà sono ferme le une rispetto alle altre, ma tra di loro si crea lette-

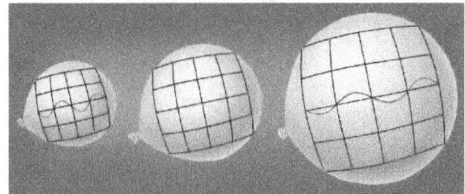

Fig. 1.6: L'Universo si espande alla stregua di un palloncino che si gonfia. Tra le galassie si crea sempre del nuovo spazio, allontanandosi così le une dalle altre. Un raggio di luce subisce l'effetto doppler, come se la sorgente fosse in movimento. In realtà il moto non è reale ma causato dalla creazione di nuovo spazio.

ralmente nuovo spazio, in modo del tutto simile a quando si gonfia un palloncino sulla cui superficie sono disegnati dei puntini (che rappresentano le galassie).

Qualunque sia la spiegazione possibile, appare chiaro che l'Universo non è un luogo statico ma continuamente in movimento.

La prima ipotesi è fortemente antropocentrica, ergo improbabile, mentre la seconda, benché altrettanto esotica, appare come la più semplice e quindi la più probabile (rasoio di Occam) che spiega il fenomeno osservativo (che è reale e misurabile!).

Le galassie si allontanano perché tra loro si crea nuovo spazio.

L'Universo è in espansione e si espande tanto più rapidamente quando più guardiamo lontano (nello spazio e nel tempo), secondo una legge semplice, detta relazione di Hubble: $v = H_0 D$ dove v = velocità di recessione delle galassie, D = distanza e H_0 è una costante di proporzionalità (molto difficile da determinare con precisione), detta costante di Hubble. Ricavando la distanza, che è il dato che ci interessa, si ha:

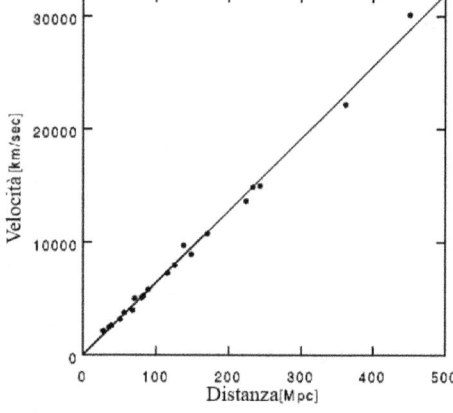

$$D = \frac{v}{H_0}.$$

Questa è la formula fondamentale per determinare le distanze di oggetti galattici

Fig. 1.7: Relazione di Hubble. La velocità di recessione di una galassia aumenta con la distanza, secondo una costante di proporzionalità detta costante di Hubble. Questa relazione è fondamentale per capire le proprietà del nostro Universo.

molto distanti, fino ai confini dell'Universo (ad esempio i quasar).

L'espansione dell'Universo e i suoi effetti si notano solamente per grandi distanze (più correttamente grandi scale spaziali).

Al livello del Sistema Solare, ma anche intergalattico, i moti propri (peculiari) degli oggetti sono molte volte superiori alla loro velocità di allontanamento.

Il limite per il quale l'espansione dell'Universo diventa importante può essere identificato come la distanza alla quale competono velocità di espansione superiori ai 1000 km/s. Questo limite si trova a circa 50 milioni di anni luce. Entro questa distanza l'espansione dell'Universo può essere trascurata tranquillamente.

Una ulteriore precisazione sul tasso di espansione è forse dovuta.

Se la velocità di recessione delle galassie aumenta con l'aumentare della distanza, non significa che il tasso di espansione dell'Universo vari con il tempo. Se consideriamo ancora il modello del palloncino (vedi Fig. 1.6) notiamo che, sebbene esso si espanda ad un tasso costante, due oggetti lontani si allontanano a velocità maggiori rispetto a due vicini. La relazione di Hubble: $v = H_0 D$ ci dice proprio che l'espansione procede in modo costante, perché il ritmo dipende dalla costante di Hubble e non dalla velocità. In realtà, le ultime osservazioni ci dicono che questo potrebbe non essere vero, poiché la costante H_0 sembra variare con la distanza (quindi con il tempo).

Una costante di Hubble variabile nel tempo implica l'esistenza di qualche forza in grado di modificarla, e con essa di modificare l'intera struttura dell'Universo.

L'unica forza che conosciamo, in grado di contrastare l'espansione, è la forza di gravità tra gli oggetti contenuti nell'Universo. In effetti, se la quantità di materia fosse sufficientemente elevata, la gravità dovrebbe rallentare l'espansione dell'Universo fino a fermarla completamente.

Le ultime osservazioni, tuttavia, contraddicono questa nostra ipotesi: la costante di Hubble sembra cambiare con il tempo, ma in senso contrario. In altre parole, l'espansione dell'Universo sembra che stia accelerando, invece che diminuendo.

Quando un corpo qualsiasi cambia il proprio stato di moto rettilineo e uniforme, vuol dire che è intervenuta una forza. Questa è la prima legge del moto di Newton, applicabile anche all'Universo.

Se esso sta accelerando la sua espansione, proprio alle nostre epoche cosmologiche, quale è la forza responsabile? Attualmente le nostre conoscenze contemplano la sola esistenza della forza di gravità come unica in grado di variare l'espansione dell'Universo; il problema è che la gravità è sempre attrattiva e può solamente rallentare l'espansione, di certo non accelerarla.

Quale è quindi la forza di tipo repulsivo, che agisce su scala cosmologica, in grado di annullare la repulsione della gravità e di far accelerare l'espansione dell'Universo? A questa domanda nessuno, per il momento, è in grado di rispondere con certezza e l'analisi di questi complessi problemi esula dal tema di questo libro.

Vogliamo ora invece mettere in luce un altro significato profondo della legge di Hubble, che riguarda il passato e non il futuro del nostro Universo.

Se le galassie si allontanano le une dalle altre, o meglio, se l'Universo si espande ad un tasso che possiamo misurare, è altresì vero che un tempo esso doveva essere molto più piccolo di ora. Più precisamente, avrebbe dovuto esserci un momento in cui esso era di dimensioni infinitesime, praticamente un punto.

L'Universo quindi ha un'età finita e stimabile, almeno in linea di principio, dipendente proprio dalla costante di Hubble. Essa infatti ci da il tasso di espansione (in km/s) per ogni Megaparsec (1 milione di parsec = 3,26 milioni di anni luce), stimabile con la relazione: $H_0 = \dfrac{v}{D}$.

In altre parole, H_0 ci da il tasso di accelerazione dell'espansione. Un valore costante implica un'espansione costante.

Invertendo la relazione si ha: $\dfrac{1}{H_0} = \dfrac{D}{v}$. Questa espressione ha le dimensioni di un tempo, poiché la distanza divisa per una velocità ci da il tempo di "percorrenza".

Possiamo a questo punto definire il tempo di Hubble come: $t_H = \dfrac{1}{H_0}$. Effettuando i calcoli, considerando che $H_0 \approx 70 km/s/Mpc$, si trova un tempo di circa 14 miliardi di anni.

L'interpretazione fisica di questo dato è la seguente: esso è all'incirca il tempo necessario all'Universo per ridursi alle dimensioni di un punto, se invertisse il verso della sua espansione mantenendo costante il modulo. In altre parole, è l'epoca nella quale nacque l'Universo, che poi espandendosi ha raggiunto le attuali dimensioni.

In realtà questa relazione non è così semplice, poiché è stato dimostrato che la costante di Hubble non è realmente costante e quindi l'Universo non si è sempre espanso con questo ritmo; tuttavia, la semplice relazione trovata resta un buon metodo per esprimere, sia pure in maniera approssimata, l'età dell'Universo e concludere che esso non è sempre esistito e non è statico come si sarebbe portati a credere (sebbene vi siano teorie alternative che cercano di confutare queste conclusioni).

1.3 La classificazione di Hubble

In pochi anni il numero di galassie riconosciute come tali salì repentinamente a qualche migliaio, una quantità sufficiente per effettuare degli studi statistici. In effetti, dopo aver dedotto l'espansione e la nascita dell'Universo dal semplice studio dello spettro, il passo successivo più naturale per sperare di conoscere alcune importanti proprietà delle galassie è quello di studiarne un gran numero e cercare di fare una catalogazione in base a proprietà che tendono a ripetersi.

Questo è il filo da seguire quando si affrontano nuovi studi scientifici di qualcosa che ancora non si conosce: osservare e cercare di catalogare ciò che si sta vedendo.

Lo stesso Hubble fu il pioniere di questo grande lavoro di osservazione e catalogazione, alla ricerca di qualche indizio per scoprire proprietà e caratteristiche della popolazione galattica dell'Universo.

Egli si concentrò in modo particolare sulla forma di questi oggetti e ben presto si accorse che la maggior parte delle galassie poteva essere divisa in due grandi gruppi: ellittiche e spirali.

Le galassie ellittiche, come suggerisce la parola stessa, sono oggetti dalla forma ellittica, non di rado sferica, generalmente di grandi dimensioni, ricche di stelle vecchie e prive di gas sia freddo che caldo, quindi senza formazione stellare apprezzabile (le stelle per nascere hanno bisogno di grandi quantità di gas freddo).

Le galassie a spirale, al contrario, sono dei dischi spessi qualche centinaio di anni luce, ma estesi per decine di migliaia (a volte centinaia di migliaia), all'interno dei quali si sviluppa una strana e curiosa struttura a spirale, i cui bracci convergono verso la zona centrale chiamata bulge, ricca di stelle vecchie.

Nei bracci, giovani e calde stelle blu conferiscono al disco galattico una colorazione azzurra.

Circa il 97% di tutte le galassie dell'Universo appartiene a questi due grandi gruppi e non può essere di certo un caso. Il restante 3% venne classificato come irregolare: ad esso fanno parte galassie interagenti, oppure dalla forma non chiara e non appartenente a nessuna delle due precedenti classi.

Lo schema di classificazione di Hubble (1936), nella sua forma completa prevede delle divisioni tra le principali categorie galattiche, ellittiche e spirali, secondo uno schema che è possibile osservare nella figura 1.8.

Le galassie ellittiche non si presentano tutte uguali, mostrando forme che variano tra un'ellisse piuttosto schiacciata ed una circonferenza perfetta; in base a ciò vengono suddivise in 7 classi, contraddistinte dalla sigla E (ellittica) e da un numero (0 per quelle che sembrano sferiche, 7 per la maggiore eccentricità possibile).

Le spirali, invece, sono divise in due grandi gruppi a seconda della forma dei bracci in prossimità del bulge: spirali semplici e spirali barrate. Ogni gruppo viene suddiviso in base alla forma e larghezza dei bracci a spirale, secondo il seguente schema.

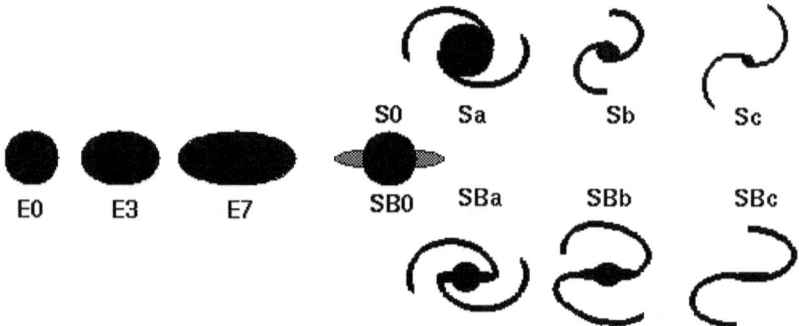

Fig. 1.8: Diagramma a "diapason" di Hubble. L'astronomo americano, dopo aver scoperto la vera natura di alcune nebulae, le classificò secondo la loro forma.
Hubble diede al suo diagramma un significato evolutivo: le galassie nascono come ellittiche E0 e successivamente, sotto l'influenza della forza centrifuga causata dalla rotazione attorno al centro, si schiacciano fino a formare dei dischi sottili con dei bracci a spirale. Questa interpretazione si rivelò ben presto errata, ma questa classificazione è ancora utilizzata, sebbene leggermente ampliata.

La classificazione di Hubble, per quanto riguarda le spirali, sia standard che barrate, prende in esame solamente quanto i bracci di spirale sono avvolti attorno al nucleo, ma non effettua alcuna suddivisione in merito al numero dei bracci presenti.

Trasversalmente al modo in cui sono avvolti i bracci attorno al nucleo, possiamo allora classificare le spirali anche in base al numero dei loro bracci di spirale. Visto che nulla nell'Universo è lasciato al caso, è plausibile che anche alla base di questa seconda classificazione vi siano altre ragioni fisiche.

Il 10% delle spirali sono cosiddette grand-design, dischi che presentano due grandi bracci che dipartono dal centro in direzioni opposte e che danno origine ad una spirale perfetta.

Un ottimo esempio di spirale grand-design è la galassia M51 (vedi immagine 1.3). Il restante 90% della popolazione galattica presenta più di due bracci, fino al caso limite in cui essi sono così numerosi da essere collegati gli uni agli altri e diventare indistinguibili.

Questa particolare classe di oggetti viene chiamata galassie flocchilucenti (flocculent, in inglese) e rappresenta il 30% di tutte le spirali conosciute. La galassia rappresentante la classe delle flocchilucenti, generalmente appartenenti al tipo Sa del diagramma di Hubble, è M63. Confrontando un'immagine di questa bellissima galassia con una grand-design (vedi immagine 4.4 e confronta con la 1.3), notiamo effettivamente molte differenze.

Come vedremo nel paragrafo dedicato alla spiegazione fisica dei bracci di spirale (4.3), le attuali teorie riescono a prevedere in modo soddisfacente solamente l'esistenza delle spirali grand-design.

Quali siano i meccanismi alla base dello sviluppo di più di due bracci, fino ad arrivare al caso limite delle flocchilucenti, non è ancora ben chiaro, ma probabilmente la causa è da ricercare nella storia evolutiva di queste galassie, il cui equilibrio può essere stato disturbato dall'incontro ravvicinato o da una fusione con oggetti di massicci.

Per quanto riguarda le galassie ellittiche, dobbiamo fare una precisazione molto importante.

E' facile intuire come la classificazione in base alla forma sia piuttosto rozza, poiché non tiene conto dell'angolo di vista sotto il quale si osserva la galassia.

Consideriamo, infatti, un'ellittica di tipo E0, cioè con eccentricità nulla. Essa ci appare una sfera quasi perfetta; tuttavia, questa è la sua forma reale o no?

Come succede per le nebulose planetarie che sembrano ad anello, ma in realtà sono gusci sferici, noi vediamo gli oggetti celesti sempre e solo in due dimensioni: larghezza e altezza, ignorando completamente la profondità.

Nel caso specifico, una galassia ellittica che ci appare sferica può non esserlo in realtà, ma avere una forma piuttosto schiacciata.

Nella figura 1.9 sono confrontate due galassie ellittiche appartenenti al gruppo E0 ed E7 (quindi agli antipodi secondo lo schema di Hubble).

La domanda che dobbiamo porci è: una galassia di tipo E7, se osservata sotto un diverso punto di vista, mantiene la sua forma reale?

In termini più tecnici: la galassia che sembra sferica (E0), può essere in realtà una E7 vista perpendicolarmente all'asse minore, cioè lungo l'asse maggiore? La risposta è semplice: si!

Le galassie ellittiche sono oggetti tridimensionali, che possono essere pensati simili a dei siluri. Una ellittica di tipo E7, molto schiacciata, si può presentare perfettamente sferica se osservata lungo il suo asse maggiore (Fig. 1.9), ovvero "di fronte".

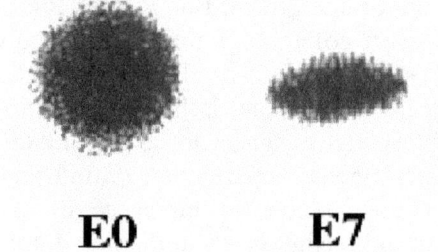

E0   **E7**

Fig. 1.9: Una galassia ellittica di tipo E7 può apparire una E0 se osservata lungo l'asse maggiore dell'ellissoide. D'altra parte, la proiezione sulla sfera celeste non aumenta lo schiacciamento, quindi cosa è possibile scoprire dalla classificazione di Hubble?

In effetti, la classificazione secondo l'eccentricità è incompleta e non fornisce la reale forma se non si considera la proiezione sulla sfera celeste: di questo bisogna tenere conto durante l'interpretazione dei dati.

La classificazione di Hubble, secondo lo schema visto nella pagina precedente, lascerebbe intuire un'interpretazione in chiave evolutiva della galassie; in effetti il diapason (termine che identifica la forma del diagramma) è stato costruito secondo questa convinzione.

Si pensava che tutte le galassie nascessero come delle perfette ellittiche e poi evolvessero, nel corso della loro vita, fino a diventare delle spirali, sotto l'effetto predominante della forza centrifuga prodotta dalla loro rotazione. In effetti non sembra un'idea troppo stravagante pensare che una sfera perfetta, sotto il peso della rotazione, cominci a deformarsi e a schiacciarsi fino a diventare un sottile disco. Tuttavia questa interpretazione, benché concettualmente corretta, non rispecchia la realtà: le galassie non evolvono in questo senso, non seguono cioè la linea evolutiva data da Hubble nella costruzione del diagram-ma. Non solo; le due grandi famiglie sono piuttosto diverse tra di loro, tanto che, ad esempio, lo schiacciamento delle ellittiche non è sempre causato dalla forza centrifuga, conseguenza della rotazione, poiché non possiedono sufficiente momento angolare (vedi 5.1).

Le stelle nelle galassie ellittiche non si muovono tutte nella stessa di-rezione ma in modo casuale (sempre, però, attorno al centro di massa), tanto che non è possibile costruire una curva di rotazione dell'intera galassia e nel complesso la struttura risulta quasi immobile. Discorso molto diverso invece per le spirali, il cui disco ruota attorno al centro, con rotazione differenziale, come se ci fossero tanti anelli concentrici, l'uno indipendente dall'altro, con velocità tipiche di 150-200 km/s.

In termini fisici si direbbe che le galassie ellittiche non possiedono (quasi) per nulla momento angolare, contrariamente a quelle a spirali, che ne hanno in grande quantità. Poiché esso è una proprietà fisica che si conserva, tutto fa pensare che ellittiche e spirali abbiamo veramente poco in comune, a cominciare dai processi di formazione.

Nelle prossime pagine analizzeremo qualche aspetto importante di queste due grandi famiglie.

Grazie a poderosi programmi di ricerca, attualmente le galassie cono-sciute sono dell'ordine delle decine di milioni. Questa immensa molte di dati ha permesso di ampliare notevolmente la nostra conoscenza e di superare l'originale classificazione di Hubble.

Sono stati tolti tutti i riferimenti in chiave evolutiva e sono state ag-giunte nuove classi.

La nuova classificazione, che vedremo in modo più dettagliato nei ca-pitoli relativi alle tre grandi famiglie di galassie (spirali, ellittiche e ir-regolari) è visibile nella pagina seguente. Le indicazioni sono lasciate volutamente in inglese, poiché questa è la lingua con la quale gli a-stronomi di tutto il mondo comunicano tra di loro.

Se siete giovani o più avanti con gli anni, ma non conoscete l'inglese, vi consiglio di cercare di apprenderlo. L'inglese scientifico è molto più semplice della lingua parlata o narrata: i termini sono pochi e piut-tosto simili all'italiano, poiché spesso di origine latina. Se sapete leg-gere libri scientifici in inglese potreste ampliare la vostra cultura in modo esponenziale, poiché oltre il 90% della letteratura scientifica viene scritta in questa lingua e molto raramente è tradotta, a causa di costi troppo elevati rispetto al numero di copie effettivamente vendute.

Classificazione moderna delle galassie

Classes	Families	Varieties	Stages	Type
Ellipticals				E
		Compact		cE
		Dwarf		dE
			Ellipticity (0-6)	E0
			(intermediate)	E1.5
		"cD"		E+
Lenticulars				S0
	Ordinary			SA0
	Barred			SB0
	Mixed			SAB0
		Inner ring		S(r)0
		S-shaped		S(s)0
		Mixed		S(rs)
			Early	S0-
			Intermediate	S0
			Late	S0+
Spirals				S
	Ordinary			SA
	Barred			SB
	Mixed			SAB
		Inner Ring		S(r)
		S-shaped		S(s)
		Mixed		S(rs)
			0/a	S0/a
			a	Sa
			ab	Sab
			b	Sb
			bc	Sbc
			c	Sc
			cd	Scd
			d	Sd
			dm	Sdm
			m	Sm
Irregulars				I
	Ordinary			IA
	Barred			IB
	Mixed			IAB
		S-shaped		I(s)
			Magellanic	Im
			Non-Magellanic	I0
		Compact		cI
Peculiars				P
(Peculiarities can apply to all types)				pec
			Uncertain	:
			Doubtful	?
			Spindle	sp
			Outer Ring	(R)
			Pseudo Outer ring	(R')
			Polar Ring	(PR)

2. La Via Lattea

2.1: Il disco sottile della Via Lattea, così come appare dalla posizione della Terra e del Sistema Solare, che vi si trovano immersi. Al centro è visibile un rigonfiamento dal colore tendente al giallo. Esternamente si possono osservare molte componenti di colore azzurro. In basso a destra è visibile una piccola nube: si tratta della grande nube di Magellano, una delle tante galassie satelliti della Via Lattea.

Capire la reale forma della nostra galassia e la posizione del Sistema Solare non è affatto facile. Immagine realizzata nell'infrarosso dal programma di survey 2MASS. Sono visibili oltre mezzo milione di stelle e numerose bande di polveri.

Un capitolo a parte merita sicuramente la nostra galassia, chiamata sin dagli antichi greci, Via Lattea, o semplicemente Galassia nel linguaggio astronomico contemporaneo.

Tutti gli oggetti che possiamo osservare nel cielo ad occhio nudo, (ad eccezione della galassia di Andromeda) appartengono ad essa.

Dall'analisi di questa immensa isola di stelle possiamo ricavare preziose proprietà, che potremo poi cercare di osservare nelle altre galassie dell'Universo, in cerca delle regole che la Natura ha deciso per questa classe di oggetti.

Il Sole e il Sistema Solare fanno parte di questa immensa isola di stelle e sono posizionati in una zona periferica, a circa 30000 anni luce dal centro e 20000 dal bordo esterno. Il diametro della Via Lattea è piuttosto incerto ma stimato in circa 100000 anni luce; questo valore è indicativo, poiché è difficile determinare dei confini netti, soprattutto se siamo completamente immersi nel corpo da misurare.

Qual è la sua forma?

Anche questo dato non è facile da determinare; paradossalmente è molto più facile studiare dimensioni e forma di una lontana galassia piuttosto che la nostra, per lo stesso motivo per il quale sono passati secoli prima che l'uomo scoprisse la reale forma ed estensione del globo terrestre. Quando siamo troppo vicini, o addirittura immersi nel corpo da misurare, alcune caratteristiche sono difficili da individuare (la Terra può sembrare piatta, ma sappiamo tutti che così non è!).

Immaginiamo di essere degli astronomi che vogliono capire la forma della Galassia. Prima di tutto dobbiamo raccogliere informazioni su di essa, scattando ad esempio delle fotografie di ciò che possiamo ammirare nei mesi estivi, di quella linea di stelle che attraversa il cielo, ben visibile da luoghi bui. A prima vista non siamo in grado di dire molto di più. Sappiamo però che nell'Universo ci sono molte altre galassie e non c'è alcuna ragione particolare per escludere a priori che alcune di esse possano essere simili alla nostra.

Cominciamo a fotografare altre galassie e fare qualche considerazione. Alcune appaiono perfettamente uniformi e sferiche e non si osserva alcuna banda di stelle e polveri: possiamo escluderle, poiché noi cerchiamo una forma non uniforme e non sferica. Osservando anche la classificazione di Hubble (Fig. 1.8), possiamo escludere totalmente la classe delle ellittiche.

La nostra galassia è di tipo a spirale o irregolare.

Nel corso della nostra campagna fotografica, capita spesso di imbatterci in oggetti peculiari, alcuni dalla forma molto allungata, altri a forma di un disco sul quale si vedono dei bracci a forma di spirale. Possiamo pensare che queste due classi di oggetti siano indipendenti l'una dall'altra; d'altronde la loro forma è totalmente diversa.

Indagando oltre, tuttavia, scopriamo delle galassie "intermedie", che mostrano sia la forma allungata che i bracci di spirale; non è difficile capire che tali oggetti siano in realtà la stessa classe di galassie, che ci appare diversa solo perché diverso è il nostro punto di vista.

Le immagini della pagina seguente, realizzate con strumentazione amatoriale, rendono bene l'idea.

2.2: 4 immagini di altrettante galassie a spirale viste secondo angolazioni differenti. E' difficile immaginarlo, ma la galassia in alto a sinistra apparirebbe esattamente come quella in basso a destra se vista dall'alto invece che di profilo.

Le immagini sopra ritraggono 4 galassie differenti, tutte però hanno in comune la forma: sono le galassie a spirale di cui abbiamo già discusso brevemente.

A seconda dell'inclinazione, una galassia a spirale mette in mostra lati diversi. Osservata di profilo (edge-on in inglese) riusciamo a vedere solo un disco sottile tagliato da una banda scura di polveri: la struttura a spirale è completamente invisibile.

Mano a mano che l'inclinazione cambia, possiamo osservare parte del disco e dei bracci, fino all'inclinazione di 0° che corrisponde alla perpendicolare (face on).

Siamo quindi giunti ad una conclusione importante: gli oggetti del cielo che ci appaiono come delle sfere con bracci a spirale, o con una forma molto allungata tagliata da una linea scura, sono galassie dello stesso tipo, con una forma a disco, che appare sferico se visto dall'alto, sottile se osservato di profilo.

Consideriamo ora una foto della nostra Galassia scattata d'estate con una semplice macchina fotografica munita di obiettivo grandangolare:

2.3: Confronto tra un'immagine della nostra Via Lattea (a sinistra) e la galassia a spirale vista di profilo NGC4565. E' evidente la loro somiglianza. Possiamo quindi affermare che anche la nostra Galassia è di tipo a spirale.

L'immagine a destra ritrae la galassia NGC4565, una spirale vista di profilo, quella a sinistra è proprio la Via Lattea estiva. Notate come la forma sia pressoché uguale.

Siamo finalmente giunti alla soluzione del nostro problema e possiamo rispondere alla domanda che ci siamo posti all'inizio di questo capitolo: la nostra galassia è di tipo a spirale. Noi osservatori, che siamo posti all'interno, in una zona periferica, guardando verso il centro osserviamo parte del disco e il rigonfiamento centrale (bulge). Se potessimo osservarla dall'alto, ci apparirebbe come una stupenda spirale.

In queste righe abbiamo anche avuto un bell'esempio di come procede la scienza nel rispondere a domande, spesso semplici come quelle che si pone un bambino, ma con i mezzi e il ragionamento che abbiamo acquisito con l'età adulta.

Chiunque voi siate, se astrofili, astronomi o semplici curiosi dell'Universo, insieme, senza alcuna conoscenza delle leggi che regolano l'Universo, siamo riusciti a scoprire la forma della Galassia semplicemente analizzando le immagini di altre galassie sparse nell'Universo: un bell'esempio dell'applicazione (sia pure molto semplificata) del metodo scientifico.

Il Sole e il Sistema Solare, come ogni stella, orbitano attorno al centro della Galassia, nel quale si trova un enorme buco nero con massa milioni di volte quella della nostra stella. La rivoluzione del nostro Sistema Solare attorno al centro galattico richiede 225 milioni di anni, nonostante una velocità orbitale di circa 200 km/s. Sebbene non ce ne accorgiamo, il nostro Sistema Solare, compresa, ovviamente, la Terra, compie la bellezza di oltre 17 milioni di km ogni giorno attorno al centro della Galassia.

Ai 200 km/s attorno al centro galattico possiamo aggiungere, per la Terra, i circa 29 km/s attorno al Sole e i "soli" 465 m/s (0,45 km/s) attorno al proprio asse. Come possiamo vedere, il nostro pianeta è tutto fuorché fermo nello spazio nel quale si trova.

Possiamo chiederci: perché non ci accorgiamo di questi movimenti così imponenti? Ci sono due spiegazioni, una fisica, l'altra fisiologica.

La spiegazione fisica è che la condizione di moto rettilineo e uniforme, ovvero senza accelerazioni, non viene percepita. Lo stato di moto in questi casi è identico allo stato di quiete (principio di relatività).

Tuttavia, i lettori che conoscono la dinamica di questi moti sanno perfettamente che sono soggetti ad accelerazioni, specialmente il moto di rotazione della Terra attorno al Sole, sottoposto anche ad un'accelerazione lineare causata dall'eccentricità dell'orbita, che porta la velocità orbitale da un minimo di 29,2 km/s nel punto più lontano dal Sole (afelio) a 30,2 km/s nel punto più vicino (perielio).

Perché allora non ci accorgiamo delle accelerazioni e decelerazioni del nostro pianeta?

La risposta fisica è che esse sono troppo piccole per essere percepite.

In questa situazione rientra anche l'interpretazione fisiologica: tutti gli esseri umani nascono e si sviluppano sulla Terra e mai nella loro vita sperimentano condizioni diverse. In mancanza di termini di paragone, non possiamo dire di non avvertire i moti terrestri, piuttosto di non aver avuto la possibilità di provare situazioni differenti.

Quanto detto vale anche per la forza di gravità, che spesso noi dimentichiamo di sentire a livello fisiologico. Per apprezzarla è sufficiente fare un volo in assenza di gravità e capire che il nostro corpo è semplicemente abituato alle condizioni nelle quali è nato e si è adattato per far si che la "normalità" non venga percepita come disagio fisico.

Torniamo alla forma e alle proprietà della Via Lattea.

Tutto il materiale (stelle, nebulose, ammassi aperti) è confinato nel disco che ha uno spessore medio di soli 650 anni luce, mentre nel cosiddetto alone si trovano gli ammassi globulari e alcune piccole galassie satelliti (ad esempio le nubi di Magellano).

Misurazioni della distanza delle nebulose e delle stelle del disco sottile hanno permesso di identificare i singoli bracci a spirale, che alla semplice osservazione appaiono sovrapposti, quindi indistinguibili.

Il lavoro di Shapley nei primi anni del 900 sugli ammassi globulari aveva già permesso di stimare sia la distanza dal centro che le dimensioni (vedi 1.1). Ora possiamo finalmente avere un quadro abbastanza chiaro dell'immensa isola di stelle nella quale ci troviamo a vivere.

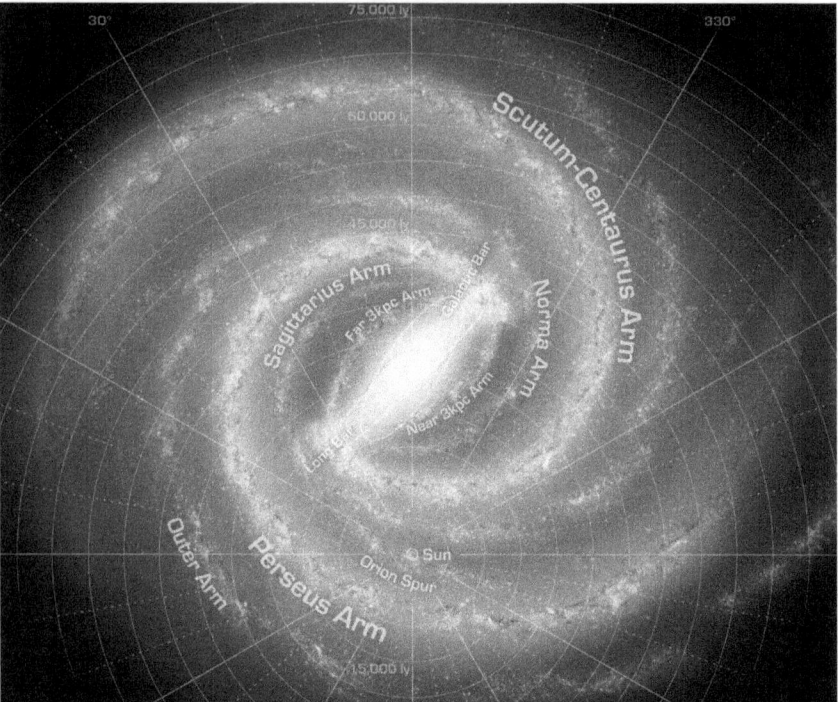

Fig. 2.1: La Via Lattea ricostruita a partire da numerose osservazioni condotte con il telescopio spaziale infrarosso Spitzer (NASA). Essa è una spirale barrata. Il disco è spesso al massimo 1000 anni luce ed ha un diametro di circa 100000. Nella figura sono identificate anche la posizione del Sole e dei bracci, alcuni visibili nel cielo ad occhio nudo. Dalla nostra posizione, il centro è visibile in direzione del braccio del Sagittario (Sagittarius Arm). Le regioni che possiamo osservare in inverno, invece, corrispondono al braccio del Perseo e a quello di Orione, ormai "declassato" a spur, letteralmente traccia. Il nostro Sistema Solare si trova in questo braccio minore.

A causa della massiccia presenza di gas e polveri, siamo impossibilitati ad osservare, almeno nel visibile, le parti opposte della nostra galassia e tutti gli oggetti extragalattici oltre essa. Per questi ultimi basta aspettare circa cento milioni di anni, quando il Sole, nel suo percorso orbitale, si troverà nella parte opposta del disco galattico.

La nomenclatura è volutamente lasciata in inglese, poiché è la lingua universale dell'astronomia (oltre, ovviamente, alla matematica e alla fisica!).

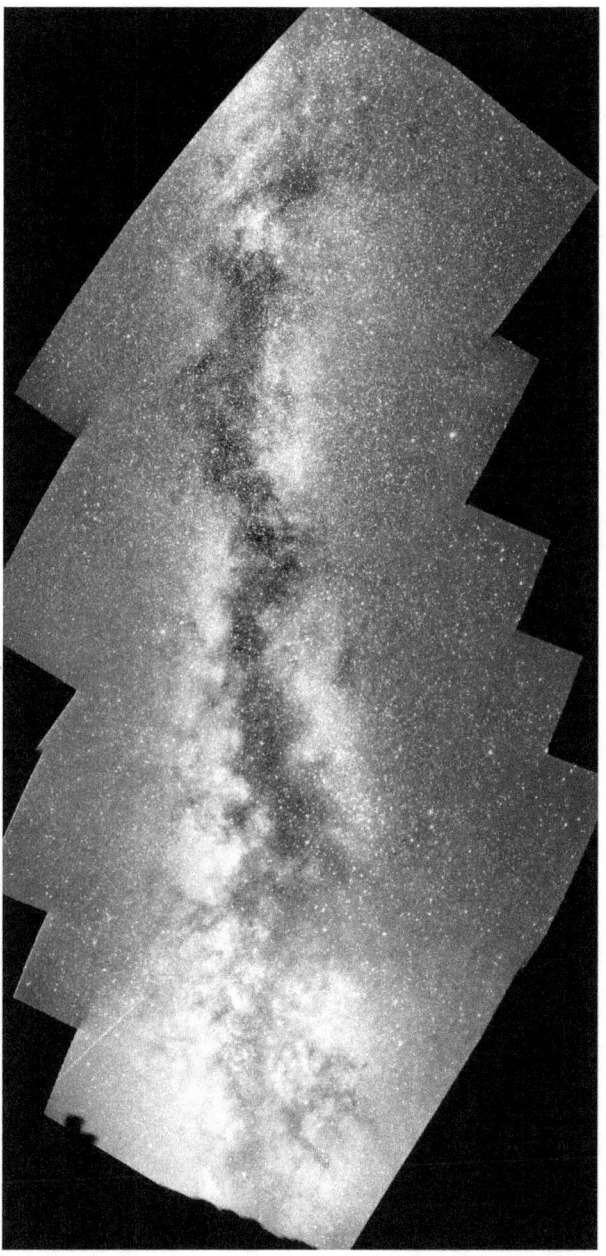

2.4: Ecco come si presenta la Via Lattea estiva in tutta la sua estensione. Questa immagine è composta da un mosaico di 5 riprese eseguite su pellicola 800 ISO con un obiettivo da 50 mm. Queste fotografie non richiedono neanche un telescopio ma solamente un cielo scuro, come quello che si può trovare il alta montagna. Le immagini sono state scattate dal monte Labro (Grosseto), ad una quota di 1400 metri, sotto uno dei cieli più scuri d'Italia. Ad occhio nudo, benché non siano visibili i colori, la Via Lattea estiva è veramente impressionante.

31

3. I nostri vicini

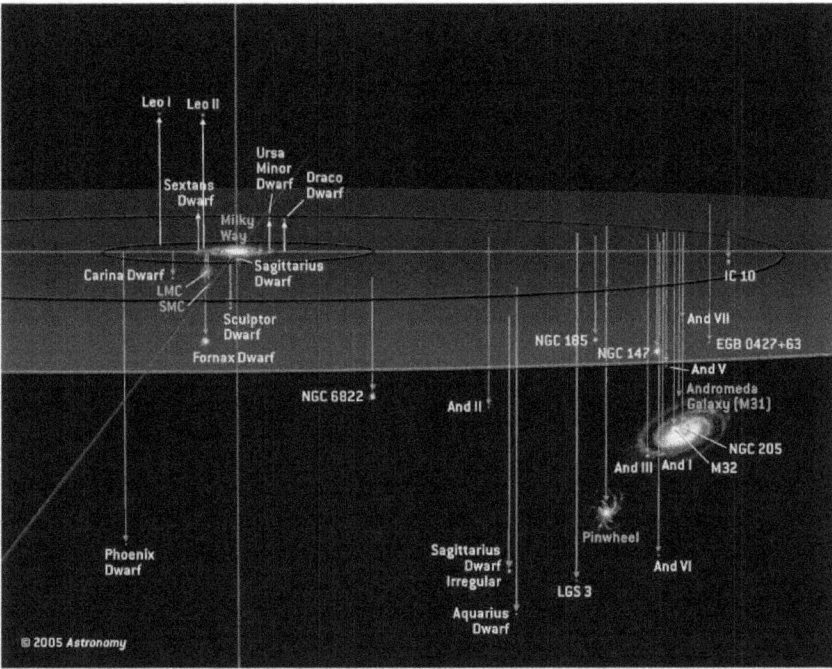

Fig. 3.1: Posizione nello spazio delle galassie appartenenti al gruppo locale, il raggruppamento al quale appartiene la Via Lattea. Essa, insieme ad Andromeda, domina questo piccolo ammasso di galassie. Le altre, ad accezione di M33 (Pinwheel), sono nane dalla forma ellittica o irregolare.

Nelle immediate vicinanze, escludendo i satelliti della Via Lattea, vi sono decine di galassie, che insieme alla nostra costituiscono un agglomerato di circa 30 universi isola, chiamato gruppo locale.

Il gruppo locale, come in generale gli ammassi di galassie, può essere considerato alla stregua di un gigantesco ammasso stellare aperto: si tratta in entrambi i casi di oggetti legati gravitazionalmente, naturalmente su scale molto diverse. Il gruppo di galassie chiamato gruppo locale è dominato da due grandi galassie a spirale, la Via Lattea e Andromeda; terza, quanto a dimensioni e massa, M33, una spirale nella costellazione del Triangolo. Queste due galassie sono relativamente vicine alla nostra, a circa 2,5 milioni di anni luce. Se pensiamo che un anno luce corrisponde a circa 9600 miliardi di km, la distanza delle galassie più vicine è di circa 24000000000000000000 km (!) (chi di voi riesce a leggere questo numero?), un'enormità rispetto alle distanze alle quali siamo abituati, pochissimo su scala cosmica.

Nonostante l'enorme separazione dalla Terra, Andromeda ed M33 sono visibili ad occhio nudo da cieli scuri ed occupano in cielo delle aree almeno 10 volte maggiori rispetto alla Luna piena. Ciò consente anche alla strumentazione amatoriale di studiare questi oggetti in modo pressoché unico ed entrare letteralmente dentro di essi, risolvere stelle, nebulose, ammassi globulari e aperti, per capire anche come si comporta la nostra galassia e rispondere a domande del tipo: è unica? Gli oggetti contenuti sono diversi? Come sono distribuiti? Come si muove l'intero disco?

La galassia di Andromeda occupa in cielo un'area 16 volte maggiore di quella della Luna piena, nonostante si trovi alla ragguardevole distanza di circa 2,4 milioni di anni luce! E' una delle pochissime galassie in avvicinamento alla nostra; la velocità di circa 140 km/s è il preludio ad un gigantesco scontro cosmico che avverrà tra circa 3 miliardi di anni (ma ci sono evidenze che le propaggini più esterne delle due galassie, che si estendono ben oltre i confini misurabili con i nostri telescopi, siano già in contatto). In effetti, il destino di Andromeda e della Via Lattea appare scontato, poiché sono in piena rotta di collisione: le due galassie probabilmente si fonderanno e daranno vita ad una gigantesca galassia ellittica contenente 1000 miliardi di stelle.

Nonostante l'effetto catastrofico che questo tipo di incontri possa avere nella mente di ognuno di noi, la collisione tra due galassie non è un evento così traumatico (vedi 7.1).

Le grandi distanze tra le stelle, soprattutto se paragonate alle loro dimensioni (decine di anni luce contro qualche milione di km) fanno delle galassie degli ambienti principalmente vuoti, alla stregua di un atomo e il nucleo atomico, per questo quando due galassie si incontrano le collisioni tra le singole stelle sono eventi molto rari e si possono verificare solamente in regioni particolarmente dense (ad esempio le zone centrali). Una collisione galattica è molto diversa da ciò che suggerisce il significato della parola nell'uso quotidiano che ne facciamo.

All'osservazione telescopica, Andromeda si mostra ricchissima di dettagli: i suoi bracci a spirale sono facili da mettere in mostra anche con un semplice teleobiettivo.

Un telescopio da 20-25 cm, munito di camera CCD, permette di effettuare lavori di ricerca, analisi e imaging a livello quasi professionale. Il campo inquadrato da focali maggiori di 1 metro è limitato ma permette di entrare all'interno delle galassia e scoprire un gran numero di dettagli, paragonabili per numero ai crateri lunari. La zona nucleare è luminosissima e ricca di nebulose oscure dalle forme più insolite, la cui abbondanza aumenta nelle zone del disco sottile, accompagnate da brillanti regioni HII (nebulose ad emissione) e ammassi stellari.

Sotto un cielo limpido si possono risolvere molte stelle brillanti; è questo il caso dell'ammasso aperto NGC206, situato in uno dei bracci a spirale, composto da decine di giovani stelle blu con magnitudini intorno alla 17.

Lo stesso telescopio, sotto un cielo buio, permette di superare abbastanza agevolmente la magnitudine 22, valore che ai tempi della pellicola fotografica poteva essere raggiunto solo con aperture 10 volte superiori!

L'avvento della tecnologia digitale, di telescopi di qualità a prezzi abbordabili e di un'efficiente elettronica di controllo, ha trasformato ogni telescopio amatoriale in un vero e proprio strumento di ricerca astronomica, in grado di affiancare o addirittura superare le prestazioni dei grandi telescopi professionali. In questo caso abbiamo avuto la prova concreta nello studio di deboli sorgenti una volta appannaggio esclusivo dei più grandi telescopi esistenti, ma la ricerca astronomica ormai non può più prescindere dall'apporto dato dalla strumentazione amatoriale, specialmente in campi nei quali i professionisti, per mancanza di tempo e denaro, non hanno risorse sufficienti.

Telescopi amatoriali sono in grado di monitorare tutti i pianeti del Sistema Solare con una risoluzione elevatissima, inferiore solamente a quella del telescopio spaziale Hubble, oppure, ancora, possono scoprire pianeti extrasolari in transito, comete, asteroidi, stelle variabili, fenomeni peculiari come supernovae, novae.

L'astronomo amatoriale del ventunesimo secolo non è più un semplice contemplatore del cielo ignorato dalla comunità professionale, ma può svolgere attivamente e con risultati molto importanti il lavoro di ricerca che un tempo competeva solamente a quegli astronomi che potevano disporre dei pochi telescopi professionali sparsi sulla superficie terrestre.

Torniamo adesso al nostro problema, e puntiamo uno strumento amatoriale al quale è collegata una camera CCD per astronomia in uno dei bracci della galassia di Andromeda.

Le stelle più luminose della galassia hanno magnitudine 17-18, mentre gran parte sono di magnitudine 20-21; questo significa che una posa da 30 minuti sotto un cielo scuro permette di ripercorrere la strada pioneristica portata avanti da Edwin Hubble, il primo ad identificare stelle in quelle che fino ad allora erano pallide nebulose.

L'oggetto da voi osservato sempre di natura diffusa, improvvisamente si accende di stelle e finalmente riusciamo a comprendere davvero che ciò che vediamo è un altro universo isola contenente centinaia di miliardi di stelle e così distante da noi da non riuscire ad immaginarlo.

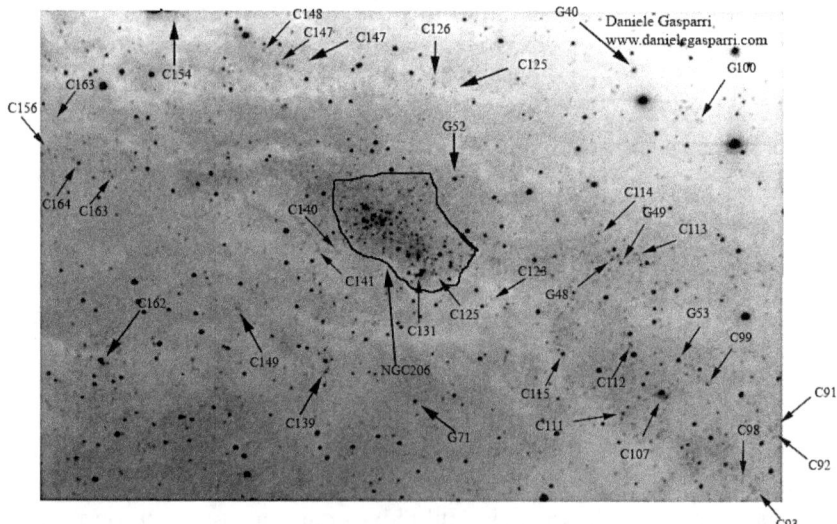

3.1: Alcuni oggetti visibili in uno dei bracci a spirale della galassia di Andromeda, al limite della magnitudine 22. Oltre alle nebulose oscure, sono visibili e segnalati gli ammassi globulari (G) e aperti (C). Al centro, NGC206, un gigantesco ammasso aperto risolto nelle componenti più brillanti. La granulosità dell'immagine è dovuta alle migliaia di stelle della galassia.

Le considerazioni osservative che abbiamo visto per Andromeda, si ripetono anche per l'altra galassia a noi molto (astronomicamente parlando) vicina: M33, un'altra spirale dalle dimensioni minori della Via Lattea, distante 2,5 milioni di anni luce e vista quasi perfettamente di fronte.

Abbiamo già accennato al fatto che il disco di questi oggetti sia relativamente sottile e quando vengono osservati face-on, cioè con inclinazione di 90°, appaiono quasi trasparenti e poco appariscenti.

M33 è un classico esempio di questo tipo: la galassia ha una luminosità superficiale molto bassa ed è difficile da osservare nonostante sia relativamente vicina a noi, quindi brillante nel suo complesso.

D'altra parte, la possibilità di poterla ammirare dall'alto consente di mettere in luce molti dettagli nei suoi bracci, poiché la densità del materiale, a causa della prospettiva, è minore di Andromeda, che ci appare quasi di profilo.

Il solito telescopio da 25 cm permette di risolvere in stelle gran parte dell'immagine galattica: i bracci a spirale sono ricchissimi di brillanti stelle azzurre, di nebulose oscure, ammassi aperti, imponenti regioni HII (meglio conosciute come nebulose ad emissione).

Immagini in diverse bande spettrali permettono di enfatizzare meglio questi dettagli.

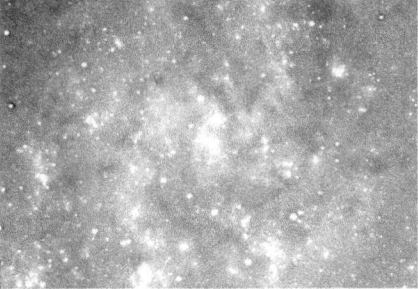

3.2: La galassia a spirale M33, come appare con un filtro infrarosso (a sinistra) e violetto (a destra). I diversi aspetti in funzione della lunghezza d'onda identificano significative differenze nella popolazione stellare e nel gas contenuto. La luce infrarossa enfatizza le deboli e vecchie componenti di colore rosso. I bracci di spirale sono evanescenti, mentre il bulge è molto brillante, evidentemente ricco di stelle rosse. L'immagine in violetto mostra i bracci di spirale popolati da giovani stelle azzurre e grandi quantità di gas; il bulge è quasi scomparso. L'interpretazione corretta di queste immagini è alla base della caratterizzazione di tutte le galassie a spirale.

3.3: La galassia a spirale M33 nel Triangolo, la più vicina dopo Andromeda, ci appare molto estesa, oltre 3 volte il diametro lunare, ma estremamente debole e poco contrastata.

Alle lunghezze d'onda blu-violette i bracci sono molto contrastati e ricchi di chiaroscuri dovuti alle gigantesche nubi molecolari, mentre il nucleo (bulge) appare debole e indistinto. In R-IR (Rosso-Infrarosso) si rendono evidenti le regioni HII e il nucleo.

M33 è un ottimo esemplare per iniziare a sviluppare qualche teoria, almeno qualitativa, sulle caratteristiche di questa classe di oggetti, vediamo cosa si può dire dall'osservazione delle immagini.

Prima di tutto, ogni spirale può essere suddivisa in due parti: il disco contenente i bracci, e la zona centrale, detta bulge, che appare rigonfiata se vista di profilo.

Le colorazioni nettamente diverse sono sintomo di caratteristiche fisico-morfologiche importanti e profonde: nei bracci è presente molto gas, sia caldo (regioni HII brillanti) che freddo (nubi oscure).

La presenza di un buon numero di stelle blu, le quali hanno vita breve, costituisce la prova che in queste zone galattiche c'è un'intensa attività di formazione stellare.

Nel centro è presente pochissimo gas, sia caldo che freddo, e tutte stelle giallo-rosse (per questo motivo in luce rossa il nucleo è molto brillante): in queste zone la formazione stellare è assente o molto ridotta e vi si trovano solo stelle molto vecchie, dell'ordine del miliardo o più di anni.

Perché questa netta distinzione tra due zone appartenenti alla stessa galassia? Ecco una delle numerose domande che ancora cerca una risposta inequivocabile tra la comunità astronomica e che cercheremo di analizzare più approfonditamente nei prossimi capitoli.

3.4: La galassia di Andromeda è la più estesa del cielo, circondata da un grande alone di stelle blu. E' facile da osservare anche ad occhio nudo e splendida da riprendere anche con un semplice teleobiettivo ed una reflex digitale. Immagine di Giovanni Benitende con camera CCD e telescopio da 106 mm.

4. Galassie a spirale

4.1: La galassia a spirale M74, nella costellazione dei Pesci, ripresa dal telescopio spaziale Hubble, è una spirale perfetta costituita da due grandi bracci di colore azzurro che dipartono simmetrici dal nucleo. Il nucleo, detto bulge, è di colore nettamente giallo-arancio. Nei bracci si notano molte nebulose brillanti (regioni HII, rosse) ed oscure. Queste sono prove di una certa attività di formazione stellare al loro interno.

Il 75% delle galassie a noi accessibili sono di tipo a spirale.
Secondo lo schema di classificazione di Hubble (che, ricordiamo, è prettamente osservativo), possiamo distinguere tre principali tipi di spirali (vedi Fig. 1.8): quelle "standard", quelle con i bracci stretta-

mente avvolti (S0), dette anche lenticolari, e le spirali barrate, nelle quali una barra attraversa le zone nucleari sovrapponendosi al bulge.

Nelle pagine precedenti abbiamo già analizzato alcune caratteristiche di questa famiglia di oggetti, che, ricapitolando, sono le seguenti: forma a disco relativamente sottile con rigonfiamento centrale, chiamato bulge. Se osservato dall'alto, il disco mostra una tipica struttura con bracci a spirale, nei quali è concentrata gran parte della materia, comprese imponenti nubi molecolari fredde e brillanti regioni HII, oltre ad un gran numero di stelle blu. Nei bracci a spirale è quindi ancora molto attivo il processo di formazione stellare.

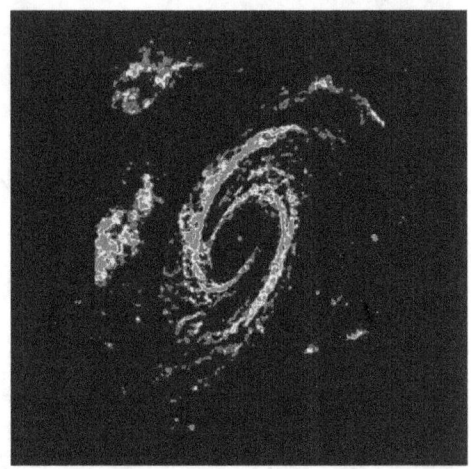

4.2: Nelle galassie a spirale c'è una grande concentrazione di gas freddo, fondamentale per la creazione di nuove stelle. In questa immagine, la galassia M81 nella riga a 21 cm dell'idrogeno neutro.

Non si può dire invece la stessa cosa delle zone centrali, il cosiddetto bulge, che appare svuotato di gas e stelle azzurre, con una componente principalmente giallo-rossa che ne conferisce la colorazione tipica, sintomo che non c'è un efficiente processo di formazione stellare e le giovani componenti bianco-azzurre sono ormai estinte da tempo.

Al centro del bulge, che coincide con il centro galattico, vi è un'alta concentrazione di massa, sia stellare (con densità tipiche degli ammassi globulari) che non: le recenti osservazioni rivelano che in ogni galassia a spirale (ma anche nelle ellittiche), al centro si trova un gigantesco buco nero con massa milioni (a volte miliardi) di volte maggiore del nostro Sole, che lentamente fagocita stelle e gas che si trovano a passare nelle sue vicinanze, emettendo, in questo modo, luce alle lunghezze d'onda visibili e soprattutto raggi X.

Le galassie in cui questo processo è particolarmente attivo hanno un nucleo molto brillante e sono dette galassie attive, o nuclei galattici attivi (AGN, capitolo 8).

I nuclei galattici attivi sono posti tutti a distanze notevoli, quindi è presumibile pensare che la loro attività (compresa quella della Via Lattea) sia cessata da molto tempo ed interessi solamente galassie relativamente giovani.

Il bulge centrale, di color giallo-arancio, assomiglia in modo impressionante alla famiglia delle galassie ellittiche, seppure in scala minore: se potessimo prendere una galassia a spirale e isolare la sua zona centrale, scopriremmo che questa è morfologicamente identica ad una galassia ellittica (vedremo che per il bulge valgono le stesse leggi di scala delle ellittiche).

Sicuramente molto più esotica e ricca di problemi di natura fisica è la zona del disco, nella quale sono presenti i bracci a spirale (o di spirale).

Dare una spiegazione fisica esauriente della loro formazione ed evoluzione è impossibile, sia per la complessità del problema, sia perché ancora gli astronomi non sono concordi in merito all'interpretazione che ne devono dare.

Possiamo invece dare delle informazioni e cercare di capire, almeno in via qualitativa, i punti più importanti, in modo da dare un'infarinatura generale e allo stesso tempo incuriosire chi è particolarmente interessato al tema, che potrà approfondire su ottimi libri specialistici (vedi bibliografia).

Prima di tutto dobbiamo indagare meglio la struttura delle galassie, poiché la divisione in disco e bulge è troppo semplificata.

Una tipica galassia a spirale (detta anche a disco) è formata da 4 zone distinte: il bulge centrale, il disco sottile nel quale si sviluppano i bracci a spirale, una componente chiamata disco spesso che avvolge in modo più diffuso il disco sottile ed un enorme inviluppo sferico contenente stelle, ammassi globulari e gas chiamato alone. Tali suddivisioni non sono fatte solamente in base a considerazioni osservative, ma in modo più profondo analizzando alcune proprietà fondamentali delle stelle, quali la loro massa, luminosità, età e metallicità. In altre parole, le 4 zone che abbiamo appena identificato si caratterizzano per le cosiddette popolazioni stellari. Le caratteristiche medie delle stelle differiscono e determinano questa suddivisione, nel modo seguente:

1) nel bulge sono presenti stelle rosse e vecchie in moto caotico, poco gas e quindi poca formazione stellare. La metallicità di queste stelle varia e ciò significa che esse non hanno tutte la stessa età.

2) Nei bracci a spirale vi sono anche giovani e calde stelle blu che ruotano attorno al centro, con contenuto di metalli simile a quello del Sole. Questa è ancora una prova che esse si siano formate in tempi relativamente recenti. Il moto è ordinato.

3) Il disco spesso rappresenta una zona di transizione, sia dal punto di vista cinematico (dei moti delle stelle) che chimico. Al suo interno, infatti, si trovano stelle vecchie e giovani (quindi, rispettivamente di Popolazione II e Popolazione I). I moti non sono più circolari, complanari e così ordinati come nel disco sottile.

4) L'alone galattico, di forma sferica, si estende per centinaia di migliaia di anni luce, avvolgendo completamente la galassia. In esso vi si trovano (in modo molto diluito) gli ammassi globulari, qualche galassia satellite e le cosiddette stelle ad alta velocità. Tutti questi oggetti si muovono su orbite fortemente inclinate rispetto al piano della galassia, in modo simile alle stelle nelle galassie ellittiche (cioè con direzioni casuali). Si tratta di stelle estremamente vecchie e rosse, probabilmente formatesi prima ancora che la forma galattica avesse assunto questo aspetto. Ciò è confermato analizzando il contenuto di metallicità nelle loro atmosfere attraverso lo spettro, paragonato poi con quello della nostra Stella (nel linguaggio astronomico, si identificano metalli tutti gli elementi più pesanti dell'Elio).

Lo studio della metallicità delle stelle rappresenta uno strumento importantissimo per determinare (almeno in modo rozzo) la loro età e la composizione della nube fredda dalla quale si sono originate. Un basso contenuto metallico (rispetto a quello solare) implica la formazione in un ambiente privo di metalli e quindi, quasi certamente, quando l'Universo era ancora giovane e povero di elementi pesanti, i quali sono esclusivamente prodotti dalla morte delle stelle. Quando si accesero le prime stelle (Popolazione III), gli unici elementi presenti erano l'idrogeno (75%) e l'elio (25%)

(con tracce di litio). Dopo pochi milioni di anni queste stelle, con massa stimata decine di volte superiore a quella solare, uscirono dalla fase di sequenza principale e nelle ultime convulse fasi della loro vita produssero, per fusione nucleare, elementi più pesanti dell'Elio (classificati generalmente come metalli): ossigeno, carbonio, silicio, fino ad arrivare, nelle fasi di esplosione come supernovae, al ferro, l'oro, il platino, l'uranio. In un certo senso non è esagerato affermare che siamo figli delle stelle, poiché tutta la materia solida, compreso il corpo umano, è composta da atomi generati durante l'esplosione di miliardi di stelle, nel corso di miliardi di anni.

Come ogni oggetto dotato di massa, è la forza di gravità che modella, almeno in prima approssimazione, l'evoluzione e la vita delle galassie, e le spirali non fanno eccezione.

Le stelle, il gas e tutto quello che si trova nelle vicinanze, per poter sopravvivere in equilibrio e non cadere verso il centro deve orbitarvi in-

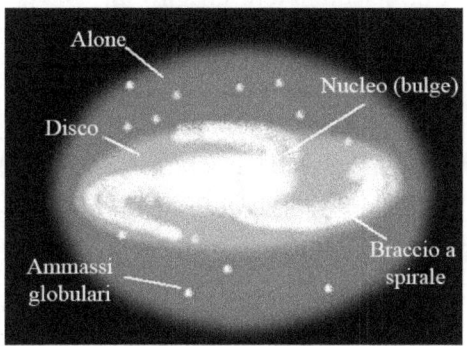

Fig. 4.1: Distribuzione della materia visibile in una tipica galassia a spirale.

torno, proprio come accade per i pianeti del Sistema Solare attorno alla nostra stella. Effettivamente possiamo considerare la nostra e tutte le altre galassie alla stregua di giganteschi sistemi solari. Nelle spirali questo è particolarmente vero in quanto, almeno per la stragrande maggioranza di esse, tutti i corpi celesti contenuti ruotano nella stessa direzione, proprio come un disco.

La rotazione avviene in maniera differenziale: se la somiglianza ad un disco può rendere bene l'idea della forma galattica, non è assolutamente adatta per descrivere il moto delle stelle.

La rotazione come un disco rigido implica una velocità (circolare) più lenta delle parti interne rispetto alle stelle poste nelle zone periferiche, in modo proporzionale alla distanza dal centro. Questo è facile da capire con un semplice esempio.

Consideriamo un disco che ruota. La sua velocità angolare è la stessa in ogni punto della sua superficie, percorrendo x gradi in n secondi. Supponiamo che si compie un giro completo (360°) in 36 secondi: la velocità angolare sarà di 10° al secondo (in realtà la velocità angolare andrebbe espressa in radianti/secondi ma in questo caso possiamo farne a meno).

Il nostro disco ha un diametro di 10 metri; nelle zone centrali, ad 1 metro dal centro, per compiere un giro un punto qualsiasi deve percorrere circa 6,28 metri, mentre sul bordo, a 10 metri dal centro, un punto per completare un giro deve percorrere ben 62,80 metri. Entrambi devono completarlo nello

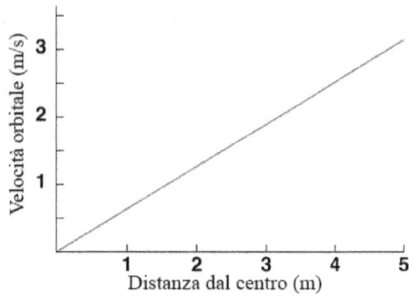

Fig. 4.2: Velocità di rotazione di un disco rigido in funzione della distanza dal centro.
Le galassie a spirale non ruotano come dei dischi rigidi.

stesso tempo, cioè in 36 secondi: ne consegue che il punto interno avrà una velocità di rotazione di circa 0,174 m/s, mentre il punto esterno dovrà viaggiare a 1,740 m/s, ben 10 volte maggiore.

Se questo semplice schema di rotazione di un corpo rigido venisse applicato alle galassie a spirale, ci si aspetterebbe che la velocità di rotazione aumenti con l'aumentare della distanza dal centro; in realtà non è così! Le galassie a spirale possiedono una rotazione differenziale: la velocità angolare del disco varia con la distanza dal centro e non è costante come se esso fosse rigido.

4.3: Ogni galassia a spirale possiede una curva di velocità in disaccordo con la quantità di materia visibile. Secondo la teoria della materia oscura fredda (CDM), oltre il 90% della massa di una galassia è composto da materia invisibile ai nostri strumenti.

4.1 Velocità di rotazione e materia oscura

Entriamo nelle galassie a spirale e grazie allo studio del loro spettro analizziamo il moto delle stelle attorno al centro di massa, confrontandolo con le nostre conoscenze teoriche.

Il moto delle stelle e dei pianeti attorno ad un centro di massa è (in prima approssimazione) di tipo Kepleriano, regolato cioè dalle leggi di Keplero. In particolare, la velocità orbitale (il modulo) di qualsiasi corpo sottoposto alla forza di gravità di un altro è data dalla relazione: $v = \sqrt{\dfrac{GM}{r}}$ dove M è la somma delle masse dei due corpi. La velocità angolare è de-

NGC 470 – Sb(rs)

NGC 772 – Sb(s)

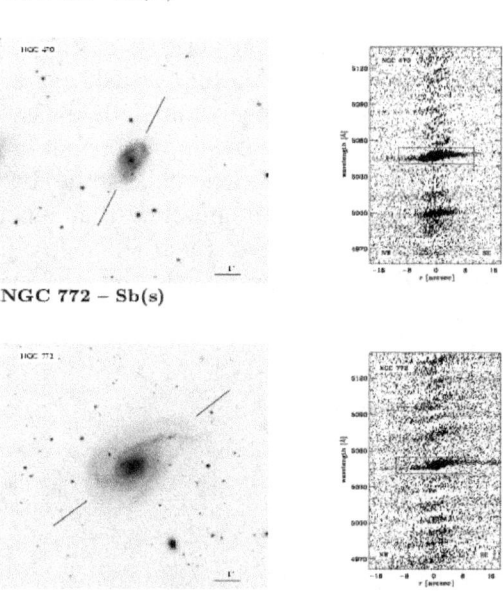

Fig. 4.3: Costruzione della curva di rotazione delle galassie a spirale. Analizzando una forte linea in emissione dello spettro di questi oggetti, si nota uno spostamento verso il rosso da una parte e verso il blu dall'altra, rispetto alla posizione centrale che identifica il centro della galassia. Applicando la formula per l'effetto doppler, e correggendo per i moti della Terra, si ricava la curva di rotazione della galassia, che presenta molte sorprese.

finita dalla relazione: $\omega = \dfrac{v}{r}$; sostituendo il valore (assoluto) della velocità, si ha: $\omega = \dfrac{\sqrt{GM}}{r^{3/2}}$.

Una galassia non è composta da soli due corpi, ma questa semplice relazione può comunque essere utilizzata per descrivere il moto delle stelle attorno ad essa, almeno per le zone del disco più esterne.

Questo andamento si ha per un corpo posto ad una certa distanza r da un altro, la cui distribuzione di massa può immaginarsi uniforme e

47

confinata all'interno dell'orbita del corpo considerato. In questi casi, la velocità di rotazione ha l'andamento descritto dalla formula, suggerito dalla terza legge di Keplero: maggiore è la distanza dal centro di gravità, maggiore è il periodo di rivoluzione del corpo e minore è quindi la sua velocità orbitale (vedi Fig. 4.4 a sinistra).

Se la struttura e disposizione delle masse all'interno di una galassia a spirale rispecchiasse quella delle stelle e del gas che possiamo osservare, la curva di rotazione delle stelle del disco, in funzione della loro distanza dal centro, seguirebbe l'andamento appena visto, dato dalla terza legge di Keplero. Costruendo la curva di rotazione in base alle osservazioni spettroscopiche si ha, però, la seguente situazione:

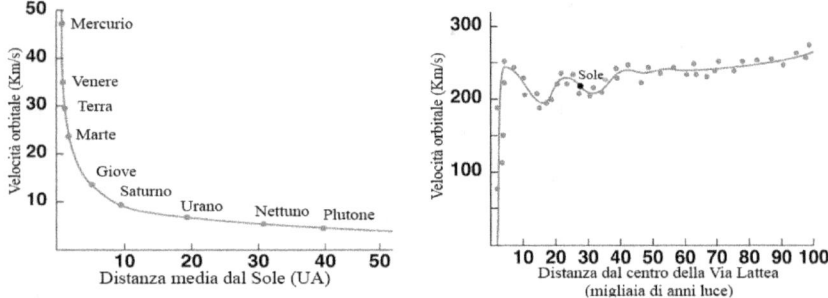

Fig. 4.4: A sinistra: le velocità orbitali (lineari, non angolari) dei pianeti del Sistema Solare seguono l'andamento previsto dalla terza legge di Keplero. **A destra:** curva di rotazione della Via Lattea. Se la distribuzione di massa fosse quella visibile, dovremmo avere un andamento kepleriano. La curva è invece praticamente piatta. Ciò si spiega solamente con la presenza di una distribuzione di massa non visibile che avvolge l'intero disco galattico, estendendosi ben oltre esso.

Dalle figure emerge un dato molto strano e particolare: la velocità orbitale in funzione della distanza dal centro non rispecchia l'andamento appena descritto e messo bene in evidenza con le velocità orbitali dei corpi del Sistema Solare.

A cosa somiglia una curva di velocità piatta? Al caso di un corpo (le stelle) pienamente immerso in una distribuzione di massa sferica e con densità costante all'aumentare della distanza dal centro galattico.

Consideriamo, a questo punto, un esempio ideale per capire meglio.

Se ci troviamo sulla superficie terrestre o ce ne allontaniamo, per restare in orbita dovremmo avere una velocità orbitale di tipo Kepleriano, la quale diminuisce con l'aumentare della distanza. Se però ci tuffiamo al centro della Terra, le cose non sono così. Mentre andiamo verso il centro troviamo della massa in ogni direzione. In effetti, qualcuno saprebbe dire come varia la forza di gravità in funzione della distanza dal centro, dentro la Terra?

Newton, il padre della gravitazione, c'era arrivato, dimostrando un teorema ancora di fondamentale importanza.

All'interno di una sfera la forza di gravità cresce linearmente andando dal centro (dove è nulla) verso le zone periferiche, fino a raggiungere il massimo quando siamo sulla sua superficie. A questo punto, tutta la massa responsabile del campo gravitazionale è sotto i nostri piedi: allontanandoci dalla sfera la gravità può solo diminuire poiché non incontreremo mai altra massa appartenente ad essa.

La velocità che dovrebbe avere un corpo per orbitare intorno (questo è impossibile nella realtà, poiché la Terra è solida!) alla sfera è direttamente legata al campo gravitazionale, attraverso la legge del moto di Newton (seconda legge della dinamica) e il suo andamento cresce linearmente fino a quando ci troviamo dentro la sfera, cioè fino a quando c'è massa sia sopra che sotto di noi.

Quando raggiungiamo la superficie, la velocità orbitale è massima per poi diminuire lentamente secondo il classico andamento Kepleriano.

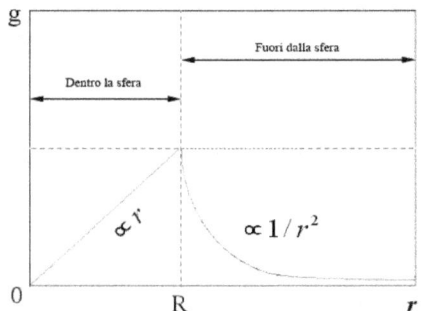

Fig. 4.5: Andamento del campo gravitazionale (g, a sinistra) in funzione della distanza (R) per un oggetto qualsiasi, dentro e fuori una distribuzione sferica di massa. Fino a quando il corpo si trova immerso nella materia, la forza di gravità aumenta linearmente con la distanza, così come la velocità orbitale. Solamente alla distanza R, tale che l'oggetto si trova fuori dalla distribuzione di massa che crea la gravità, si ha il tipico comportamento Kepleriano. Quando detto vale per distribuzioni di massa sferiche ma è applicabile, almeno in prima approssimazione, anche ai dischi galattici.

L'esempio appena visto è un caso ideale, ma fornisce importanti basi per una prima analisi della curva di rotazione delle galassie.

Se la distribuzione della materia nelle galassie a spirale fosse quella che possiamo osservare al telescopio (materia visibile), si avrebbe un andamento delle velocità molto simile a una curva Kepleriana, come abbiamo già detto, e come succede per i pianeti del Sistema Solare.

In particolare, visto che gran parte della massa visibile è concentrata nelle regioni centrali attorno al bulge, la curva di velocità dovrebbe crescere repentinamente per piccole distanze dal centro, avere un massimo e poi decrescere una volta che ci si trova nel disco sottile.

Nella figura 4.4, tuttavia, è evidente che i dati in nostro possesso propongono curve di velocità costanti, soprattutto a grande distanza dal centro galattico. Se consideriamo esatta la legge di gravitazione universale e le leggi del moto di Newton, allora questa è una situazione che si avvicina molto a quanto abbiamo appena descritto: la distribuzione reale della materia nella galassia non rispecchia la distribuzione della materia visibile.

Fig. 4.6: Esempio reale della curva di rotazione della nostra galassia. La velocità circa costante induce a pensare che la materia visibile sia confinata all'interno di un grande alone sferico di massa non visibile (oscura).

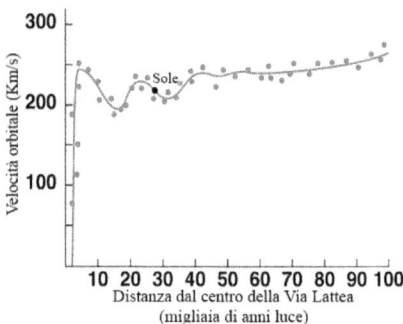

Siamo ora in grado riordinare le idee e dare una prima spiegazione all'andamento delle velocità orbitali nelle galassie a spirale.

La curva di velocità piatta e costante significa che siamo ancora dentro la galassia, o meglio, che deve esserci un'enorme quantità di massa, che noi non riusciamo a vedere, lungo il disco visibile ed esternamente ad esso. Si parla in questi casi di materia oscura, la cui distribuzione e densità giustifica la curva di rotazione piatta delle galassie.

50

Questa massa mancante però non si riesce ne a vedere ne a capire di che tipo sia; si riesce solamente a postulare la sua esistenza in base all'attrazione gravitazionale che esercita sulle stelle e sulla materia visibile della galassia. Il ruolo della materia visibile nel bilancio gravitazionale e dinamico di una galassia a spirale è quasi trascurabile fuori dal bulge, l'unico luogo nel quale il contributo della materia luminosa prevale su quella oscura.

Oltre l'andamento appena descritto della curva di rotazione, esistono molte altre prove sperimentali che consolidano l'ipotesi di una grande quantità di massa invisibile che regola l'equilibrio gravitazionale delle galassie a spirale. Alcune evidenze osservative sono note sin dalla scoperta di questi oggetti, altre sono più recenti. Eccone alcune:

- **Considerazioni dinamiche sulle velocità orbitali delle stelle nelle periferie delle galassie.** Oltre all'andamento delle velocità praticamente costante in funzione della distanza dal centro, bisogna considerare anche le intensità delle velocità delle stelle attorno al centro galattico, in particolare quelle poste nelle regioni periferiche. Le stelle nel disco esterno della nostra Galassia ruotano con velocità orbitali di circa 200 km/s. Questa velocità è superiore alla velocità di fuga dalla galassia, se la sua massa fosse solamente quella visibile. In altre parole, dovremmo assistere ad un fenomeno di evaporazione: le stelle delle periferie dovrebbero lasciare la Via Lattea e disperdersi nello spazio. Il risultato è che molte galassie non dovrebbero neanche esistere, perché le condizioni dinamiche non lo consentono. Fortunatamente ciò non succede e le orbite stellari sono piuttosto stabili; questo significa che ci deve essere della massa che non vediamo che aumenta il campo gravitazionale della galassia e consente velocità orbitali così alte.

- **Velocità orbitale delle galassie negli ammassi.** Le galassie confinate negli ammassi ruotano in modo non ordinato, attorno al centro di massa dell'ammasso, con velocità che dipendono dalla massa totale e dalla distanza dal centro, analogamente alle stelle delle galassie attorno al bulge. Dall'analisi del moto di questi oggetti possiamo risalire ad una stima della massa totale dell'ammasso, molte volte maggiore rispetto a quella stimata in base alla materia luminosa: la materia visibile è una frazione molto piccola di quella totale. Se considerassimo solo il contributo gravitazionale dato dalla materia visibile, non riusciremmo a giustificare l'esistenza stessa degli ammassi, le cui componenti si muoverebbero con velocità maggiori della velocità di fuga, rendendo impossibile l'esistenza dell'intero agglomerato galattico. L'esistenza della materia oscura, quindi, non giustifica solo le dinamiche delle stelle all'interno delle galassie, ma l'esistenza stessa degli ammassi di galassie come oggetti gravitazionalmente legati e stabili nel tempo.

- **Lenti gravitazionali:** Se le considerazioni sulla dinamica dei moti di stelle e galassie non fossero sufficienti, dall'effetto lente gravitazionale deriva un'altra prova che la massa effettivamente presente è molto maggiore di quella rilevabile. La presenza di una grande massa in una regione di spazio è in grado di distorcere lo spazio-tempo nelle sue vicinanze. Senza entrare troppo nei dettagli, questo significa, in pratica, che la luce proveniente dallo spazio lontano che dovesse trovare sul suo cammino un oggetto molto massiccio (una galassia gigante, oppure un ammasso di galassie) verrebbe scomposta, deviata ed amplificata dall'intenso campo gravitazionale, producendo un effetto simile a quello di una lente. L'intensità dell'effetto di lente gravitazionale è proporzionale alla massa dell'oggetto che la provoca: la massa necessaria per produrre alcune lenti osservate è centinaia di volte maggiore di quella visibile e misurabile.

Queste prove osservative depongono a favore dell'esistenza di una notevole quantità di materia impossibile da osservare. Le domande che possiamo porci sono:

1) Di quanta materia stiamo parlando? Ovvero: quanto è il contributo della materia oscura per giustificare gli effetti gravitazionali osservati?

2) Da cosa è composta e come è possibile non vedere una tale quantità di materia?

La risposta alla prima domanda è abbastanza semplice, quanto sorprendente, poiché deriva direttamente dall'analisi delle numerose osservazioni disponibili: la materia oscura si pensa costituisca circa il 90% della materia dell'Universo. In parole diverse, la materia che riusciamo ad osservare è solo il 10% di quella effettivamente presente in ogni galassia e negli spazi galattici. E' come se ogni 10 kg di materia visibile ne esistano 90 che non riusciamo a vedere, ma solamente a rilevare attraverso disturbi gravitazionali.

La risposta alla seconda domanda è molto più complessa e richiederà ancora anni di studio. Al momento si pensa essa sia costituita sia da materia ordinaria (cosiddetta barionica) sottoforma di nubi di gas diffuse e oggetti non stellari come pianeti, nane brune, pulsar e nane bianche (molto difficili da vedere a grandi distanze, dalla la loro bassa luminosità intrinseca) e buchi neri, sia da materia non barionica, più esotica, nell'ordine del 90% rispetto al totale. La temperatura di questa impressionante quantità di materia oscura dovrebbe essere molto bassa, non superiore ai 10 K, per questo motivo non emette radiazione elettromagnetica rilevabile. Il modello che prevede e descrive la materia oscura, per le ragioni appena esposte si chiama CDM (Cold Dark Matter), acronimo inglese per materia oscura fredda.

Per quanto riguarda la grande componente esotica di questa materia, si sono fatte molte ipotesi ma nessuna ancora ha trovato reale riscontro: un mare di neutrini o particelle ancora non scoperte come monopoli magnetici, particelle supermasicce tutte accomunate dal fatto di interagire solo gravitazionalmente con la comune materia e generalmente chiamate WIMP (Weakly Interacting Massive Particles: particelle massive debolmente interagenti).

Il dibattito è ancora aperto e lungi da una conclusione: il problema della massa mancante è una delle grandi sfide che l'astrofisica moderna deve cercare di risolvere nei prossimi anni.

Tutto quello che si sa fino a questo punto è che intorno ad ogni galassia esiste un gigantesco alone di materia oscura, separato dalla materia visibile, con la quale non sembra interagire se non per via gravitazionale, di densità molto minore rispetto a quella del gas visibile. E' la stessa materia oscura, come già detto, la principale responsabile della forma ed intensità del campo gravitazionale nelle regioni esterne al bulge galattico.

Solamente nelle regioni centrali prevale il contributo della materia visibile, mentre nelle parti esterne domina la materia oscura, responsabile anche del cosiddetto processo di frizione dinamica, alla base della cattura, da parte delle grandi galassie a spirale, di ammassi globulari o galassie satelliti. Questo è lo stesso processo che porterà le nubi di Magellano, satelliti della Via Lattea, ad essere letteralmente fagocitate entro qualche decina di milioni di anni.

Fig. 4.7: Gli aloni di materia oscura che circondano le galassie a spirale (ma anche le ellittiche) sono molto più estesi dei confini visibili e contengono ingenti quantità di massa, responsabile della curva di rotazione piatta e delle alte velocità orbitali. L'unico modo per scoprire la materia oscura è analizzare gli effetti gravitazionali prodotti su quella visibile: questa è l'unica interazione delle particelle di cui è composta.

4.2 Rapporto massa-luminosità

La materia oscura, oltre ad essere il costituente principale dell'alone esterno delle galassie a spirale (tanto da dare la forma piatta alla curva di rotazione) ed essere implicata in molti processi dinamici (e probabilmente anche di formazione galattica), è presente anche nelle galassie ellittiche e negli ammassi di galassie, come già precedentemente accennato; in effetti ovunque vi sia materia visibile è sempre presente anche materia oscura con una massa almeno 10 volte maggiore.

Un modo veloce per stimare la sua presenza è quello di utilizzare il rapporto massa-luminosità, riferito a quello solare.

Vediamo innanzitutto la relazione tra massa e luminosità.

La luminosità (assoluta) delle stelle appartenenti alla sequenza principale (oltre il 90% del totale) è proporzionale alla loro massa, secondo la relazione: $L \propto M^{\alpha}$ (dove $\alpha \approx 3,5$).

Supponiamo che la gran parte delle stelle del disco galattico sia di sequenza principale. Misurando la luminosità assoluta totale abbiamo una stima della massa stellare media. Se applichiamo questa semplice relazione per il disco visibile della Via Lattea, troviamo un valore di circa 0,7 masse solari: questo dato ci dice che la massa media stellare è composta da stelle più piccole del Sole. Ciò sembra contraddire la presenza di grandi e luminose stelle blu osservabili in ogni spirale.

In realtà, questo è ciò che si chiama un bias osservativo: le stelle blu sono di gran lunga le più luminose, concentrate prevalentemente nei bracci a spirale, mentre le stelle giallo-rosse sono molto meno luminose, più piccole e sparse su tutto il disco galattico.

Quando osserviamo una galassia, la concentrazione lungo i bracci e la maggiore luminosità delle stelle blu-azzurre ci crea l'illusione che esse siano la componente prevalente del disco, ma in realtà questa è appunto un'illusione. Secondo i modelli di formazione stellare infatti, il numero di stelle di piccola massa (paragonabile o minore di quella solare) che vengono create è tra le 100 e le 1000 volte maggiore rispetto alle stelle blu-azzurre; in altre parole, in una zona di formazione stellare si crea una stella blu ogni circa 1000 stelle giallo-rosse. Ma non è tutto, poiché questo rapporto è valido solo durante il processo di formazione: le stelle blu infatti evolvono molto rapidamente, mentre quelle giallo-rosse vivono molto più a lungo ed il rapporto va ancora di più in favore di quest'ultime. Benché quindi molto evidenti (e concentrate nei bracci), le giganti blu sono in numero nettamente minore rispetto alle classi G-K-M; non a caso la grande maggioranza delle stelle nelle vicinanze del nostro Sistema Solare è costituita da stelle estremamente rosse (classe K-M).

Non deve quindi stupire che la massa stellare media del disco (a prescindere dalla materia oscura) sia minore di quella solare: a volte ciò che si osserva con gli occhi può trarre in inganno ed è proprio questo il motivo per cui servono strumenti di misura più oggettivi.

Torniamo al nostro problema principale.

Il rapporto massa-luminosità serve a dare una stima della massa oscura (non necessariamente sempre esotica, anche buchi neri, nane brune, gas freddo) di galassie e ammassi di galassie.

Il metodo è abbastanza semplice. Prima di tutto si misura, rispetto al Sole, la luminosità della galassia con la tecnica fotometrica; successivamente, attraverso l'analisi del moto delle componenti (stelle, nubi stellari, galassie negli ammassi) si stima la massa, ed infine si effettua il rapporto tra la massa e la luminosità (espresse in unità solari).

Il numero che ne deriva ci da indicazioni su quante volte la massa totale è maggiore di quella responsabile dell'emissione della luce che osserviamo e releviamo.

In un tipico disco galattico la massa media delle stelle è intorno a quella del Sole e si può pensare quindi che essa emetta all'incirca la stessa radiazione della nostra stella, rispetto alla massa. Se tutta la massa emettesse radiazione, il rapporto massa-luminosità sarebbe molto simile ad 1 o addirittura minore per i dischi galattici popolati anche da stelle blu, che emettono più radiazione rispetto al Sole, a parità di massa.

Misurando il rapporto massa-luminosità delle galassie rispetto a quello solare, possiamo avere informazioni sulla popolazione stellare e sulla quantità di massa luminosa e oscura.

Nelle regioni del disco della Via Lattea, ad esempio, il rapporto arriva a 10. Cosa significa? Che c'è molta più massa rispetto a quella che dovrebbe emettere luce, non visibile, quindi oscura. Parte di essa sarà costituita da gas freddo, enormi nubi molecolari e polvere (materia barionica), che si riesce ad osservare e misurare nei dischi galattici.

Il rapporto tra massa e luminosità ci da quindi informazioni sulla popolazione stellare e sul contenuto di materia oscura in ogni galassia. Utilizzando questo strumento per le spirali, secondo il diagramma di Hubble, scopriamo che la classificazione non rispecchia solo la forma, ma anche composizione e distribuzione della materia al loro interno.

Le spirali Sa hanno rapporti (medi) di $< M / L_B >= 6,2 \pm 0,6$; le Sb di $< M / L_B >= 4,5 \pm 0,4$ e le Sc di $< M / L_B >= 2,6 \pm 0,2$.

Questi valori portano a delle importanti considerazioni:

1) I rapporti sono, nel migliore dei casi, almeno 2 volte e mezzo maggiori rispetto a quelli solari, quindi c'è in ogni caso molta più materia di quella che emette radiazione.

2) Il rapporto massa-luminosità varia sensibilmente in funzione del tipo di galassia, secondo la classificazione di Hubble, ma la massa totale delle galassie non dipende dal tipo di spirale; ovvero non ci sono differenze significative di massa tra i tipi Sa, Sb e Sc (quest'ultime sono solo leggermente meno massicce delle Sa).

Questo comportamento si spiega solamente assumendo che sia la luminosità complessiva a variare a seconda del tipo galattico.

Poiché la massa resta costante, quindi costante può essere pensato anche il rapporto tra massa oscura e luminosa, è evidente che quest'ultima debba emettere più luce rispetto al Sole: questo succede quando la massa della popolazione stellare media è superiore a quella solare. Infatti le stelle blu-azzurre hanno un rapporto massa-luminosità minore di quello solare (emettono più luce in funzione della massa rispetto a quando faccia il Sole).

Un rapporto massa-luminosità decrescente, con massa che resta costante, può far pensare alla crescente presenza di giovani stelle blu-azzurre in funzione del tipo di Hubble. In effetti, esaminando il colore dei diversi tipi emerge che le Sa sono più rosse delle Sc, in accordo con quanto suggeriscono i rapporti massa-luminosità.

Le spirali Sa, definite early type, perché poste all'inizio del diagramma di Hubble (Fig. 1.8) (che una volta si pensava avesse un significato evolutivo) sono più rosse delle Sc, dette anche late type, molto più ricche di giovani e giganti stelle di classe spettrale O-B. Poiché queste stelle hanno vita breve, possiamo supporre che le galassie late-type abbiano un tasso di formazione stellare maggiore delle early-type e contengano quindi maggiori quantità di gas freddo (e caldo).

Le osservazioni confermano quanto appena ipotizzato.

3) Il rapporto massa-luminosità può essere utilizzato anche per indagare le regioni centrali dei bulge.

I moti stellari attorno al centro galattico lasciano pensare ad una massa molto maggiore di quella che si vede. In effetti, ad esempio, il rapporto massa-luminosità al centro della galassia di Andromeda (M31) è oltre 35 volte superiore rispetto a quello solare: questo significa che in una regione di pochi anni luce di diametro esiste una notevole massa che non emette luce (oscura).

Queste appena descritte sono le tipiche condizioni per postulare l'esistenza di un buco nero (consolidate dall'analisi del moto delle stelle ad esso vicine) con una massa dell'ordine delle milioni di volte quella del Sole, l'unico stato della materia che ammette la presenza di una grande massa in uno spazio così ristretto.

4.3 Una teoria alternativa alla materia oscura, l'ipotesi MOND

L'ipotesi della materia oscura è sicuramente la più accettata dalla comunità scientifica, ma non è certo perfetta e non è l'unica teoria che cerca di spiegare i dati osservativi citati nelle pagine precedenti. L'ipotesi della materia oscura fredda (CDM) si rende necessaria per concordare i dati osservativi e le previsioni della legge di gravitazione universale e del moto di Newton che si pensa siano alla base del funzionamento dell'intero Universo.

L'astrofisico Mordehai Milgrom, nel 1981, propose una spiegazione alternativa, il cui principio base è molto semplice da comprendere: cosa succederebbe se la seconda legge di Newton $\vec{F} = m\vec{a}$ fosse approssimata e valesse solamente quando le accelerazioni in gioco sono elevate?

La seconda legge di Newton è alla base delle leggi sulla gravitazione e attraverso di essa si descrive praticamente tutto il comportamento dell'Universo. La sua formulazione è stata fatta da Newton osservando fenomeni terrestri che non potevano coprire tutto l'intervallo di possibili situazioni dell'intero Universo. Abbiamo avuto già una fortissima prova di come alcune teorie che funzionano perfettamente nelle normali situazioni terrestri si siano rivelate poi delle approssimazioni non più accettabili per tutte le situazioni: la teoria della relatività di Einstein ne è l'esempio più clamoroso.

La meccanica classica era in grado di prevedere tutte le situazioni terrestri, ma non era in grado di spiegare il comportamento bizzarro della luce e di tutte le onde elettromagnetiche, fino a quando Einstein la modificò e la rese una teoria universale. Ad oggi la teoria della relatività speciale e generale è totalmente accettata e non è mai stata confutata da alcun esperimento.

Milgrom seguì un approccio simile.

Le accelerazioni cui sono sottoposte le stelle nelle galassie sono molto più basse di quelle che normalmente sperimentiamo sulla Terra, ma anche nel Sistema Solare. Questo fatto potrebbe sembrare quasi paradossale, eppure possiamo verificarlo con un semplice calcolo. L'accelerazione a cui è sottoposto il Sistema Solare nella sua rivoluzione attorno al centro galattico è, come in tutti i moti circolari, di tipo centripeto, la cui intensità è data dalla semplice relazione: $a = \dfrac{v^2}{r}$. Il Sole dista dal centro 26000 anni luce ed orbita ad una velocità di circa 200 km/s. Dopo aver reso omogenee le unità di misura ed averle inserite nella formula, otteniamo un'accelerazione centripeta pari a: $1,6 \cdot 10^{-10} \, m/s^2$, un valore bassissimo, soprattutto se confrontato con le accelerazioni alle quali siamo abituati nelle normali situazioni (un'auto che va da zero a cento in 20 secondi – piuttosto lenta – ha un'accelerazione media di $1,6 m/s^2$) o con la stessa accelerazione di gravità terrestre, pari a $9,8 m/s^2$. Milgrom fece la seguente considerazione: è possibile che per piccolissime accelerazioni la legge di Newton non sia più valida? Ovvero, è possibile che la forma $F = ma$ valga solamente in certe situazioni e sia il caso particolare di una più generale teoria, proprio come lo era la velocità per la teoria della relatività ristretta o la massa per la relatività generale? Una eventuale modifica alle leggi del moto, per accelerazioni molto piccole, potrebbe essere una spiegazione alternativa all'ipotesi della materia oscura.

L'approccio è totalmente diverso rispetto all'ipotesi della materia oscura, che considera esatta e non discutibile la seconda legge di Newton e cerca nuove ipotesi, come quella di materia mancante, per sviluppare un modello che si adatti alle osservazioni, un po' come gli scienziati di fine 800 avevano fatto con la postulazione del vento d'etere per salvare la teoria classica.

La teoria MOND (MOdified Newtonian Dynamics) afferma che non c'è bisogno di introdurre una notevole quantità di massa di cui si ignorano completamente natura e proprietà, piuttosto dobbiamo mettere in discussione la teoria alla base: la seconda legge di Newton.

Sotto questo assunto, dobbiamo sviluppare una nuova seconda legge di Newton che si adatti sia al moto delle stelle nelle galassie, sia al moto degli oggetti di tutti i giorni, compresi quelli del Sistema Solare. Il discriminante tra queste due situazioni è solamente l'intensità dell'accelerazione; in altre parole, la nuova legge di Newton deve tendere alla classica per elevate accelerazioni e divergere solamente per basse intensità, in un modo tale da prevedere alla perfezione il moto osservato delle stelle e del gas nelle galassie a spirale e il moto delle galassie stesse all'interno degli ammassi.

La legge $\vec{F} = m\vec{a}$ si trasforma nella formula $\vec{F} = m\mu\left(\dfrac{a}{a_0}\right)\vec{a}$ dove μ è una funzione non meglio definita, ma non importante per capire l'andamento della legge. Il valore di μ fa si che la funzione $\mu\left(\dfrac{a}{a_0}\right)$ tenda ad 1, se il rapporto tra l'accelerazione ed a_0 è elevato, ovvero per grandi accelerazioni, mentre tende ad essere trascurabile quando le accelerazioni sono piccole, ovvero $\left(\dfrac{a}{a_0}\right)$ è molto minore di 1. a è l'accelerazione (centripeta) dell'oggetto considerato, a_0 è una costante pari a circa $10^{-10} \, m/s^2$, che fa da confine tra il regime newtoniano e il regime MOND. Infatti, come abbiamo già accennato, se $a \gg a_0$ (il simbolo $\gg$ significa molto maggiore o molto più grande) la relazione tende alla formula classica, mentre se $a \ll a_0$ (molto minore) la seconda legge di Newton si scrive come: $\vec{F} \approx m\left(\dfrac{a}{a_0}\right)\vec{a}$ ($\approx$ significa

circa uguale).

Secondo questa assunzione, anche la legge di gravitazione universale deve essere modificata, così come la relazione che la lega alla velocità orbitale. Nel caso di un oggetto che orbita intorno ad un centro di massa (M), sappiamo che l'intensità della forza di gravità è data da:

$F = \dfrac{GMm}{r^2}$; per la nuova seconda legge di Newton, a grandi distanze

dal centro galattico, dove l'accelerazione a è più piccola di a_0, si ha, sempre considerando i valori assoluti delle grandezze vettoriali:

$F = \dfrac{GMm}{r^2} = m\left(\dfrac{a}{a_0}\right)a$. Eliminando m, cioè la massa della stella, si ha:

$\dfrac{GM}{r^2} = \dfrac{a^2}{a_0}$ quindi ricavando l'accelerazione: $a = \dfrac{\sqrt{GMa_0}}{r}$. Sapen-

do che nel caso di orbite circolari l'accelerazione è quella centripeta,

la cui forma è $a = \dfrac{v^2}{r}$ si ha: $a = \dfrac{v^2}{r} = \dfrac{\sqrt{GMa_0}}{r} \rightarrow v = \sqrt[4]{GMa_0}$.

Abbiamo ottenuto quello che volevamo: la velocità orbitale non dipende più da quantità variabili, come la distanza, ma è una costante che dipende dalla costante di gravitazione universale, dal valore di a_0 e dalla massa attorno alla quale orbita la stella.

Una curva di luce fatta secondo questo andamento è praticamente piatta per grandi distanze dal centro galattico. A voler essere precisi, il valore di M varia, poiché essa è la massa contenuta all'interno dell'orbita della stella, che aumenta con l'aumentare della distanza di questa dal centro, ma questo effetto è trascurabile se consideriamo le stelle poste a grande distanza dal centro, poiché gran parte della massa è concentrata nelle regioni centrali e varia molto poco con la distanza.

Se assumiamo che vale la legge di Newton, applicando lo stesso cammino fisico-matematico, ma sostituendo la legge modificata con la classica $\vec{F} = m\vec{a}$, otteniamo la relazione già vista, ovvero:

$v = \sqrt{\dfrac{GM}{r}}$, una curva che decresce con l'aumentare della distanza dal centro.

Il modello MOND ha il pregio della semplicità, non richiedendo la teorizzazione di ingenti quantità di materia oscura di natura imprecisata, ma non è comunque definitivo.

Matematicamente la teoria MOND è esatta, non presentando errori di forma; solo le osservazioni successive potranno dire se è esatta anche fisicamente, ovvero se il modello matematico si adatta alla realtà dell'Universo.

Entrambe le teorie, quella MOND e CDM (Cold Dark Matter, materia oscura fredda) restano, appunto, teorie, non ancora totalmente supportate o confutate dalle osservazioni. Entrambe hanno pregi e difetti ma nessuna è quella giusta, sebbene la CDM sembri godere di maggiore attenzione e considerazione.

Il vero punto debole della teoria della materia oscura è la teorizzazione e modellizzazione di questo tipo di materia, ovvero una quantità enorme, maggiore di quella visibile, che non emette alcuna radiazione elettromagnetica, non interagisce con la materia visibile, e si trova solamente negli aloni galattici e tra le galassie di un ammasso.

Il modello MOND appare più semplice, sebbene punti dritto

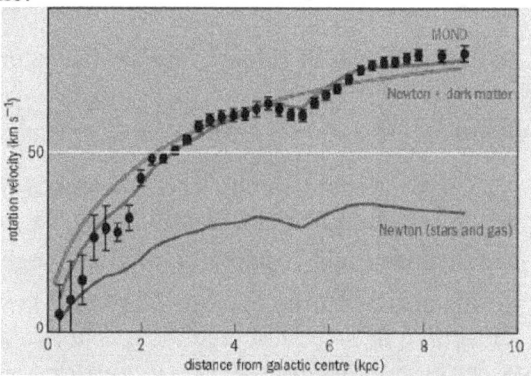

Fig. 4.8: Previsioni dei modelli attualmente disponibili per spiegare la curva di rotazione delle galassie a spirale. L'ipotesi MOND sembra essere quella che meglio approssima i dati osservativi, ma il modello è incompleto e richiede la spiegazione di alcune variabili ancora sconosciute, come la funzione μ. La teoria è molto valida per spiegare questo comportamento, ma ha problemi nello spiegare altri fenomeni, compatibili con la teoria classica.

alle fondamenta della classica seconda legge di Newton.

In ogni caso, qualunque sia la teoria che corrisponda alla realtà, bisognerà riscrivere non solo le conoscenze delle galassie, ma dell'Universo stesso, della sua nascita ed evoluzione, passata, presente e futura.

4.3 I bracci di spirale

I bracci di spirale delle galassie sono sicuramente uno dei fenomeni più belli e curiosi dell'Universo ed è bene dedicare ad essi uno spazio per cercare di descrivere cosa sono e come si comportano.

Come già fatto nelle pagine e sezioni precedenti, cerchiamo di sfruttare le nostre (poche) conoscenze astronomiche per interpretare la realtà, in questo caso le numerose immagini di galassie a spirale che riusciamo a catturare con il nostro telescopio amatoriale, magari anche a diverse lunghezze d'onda.

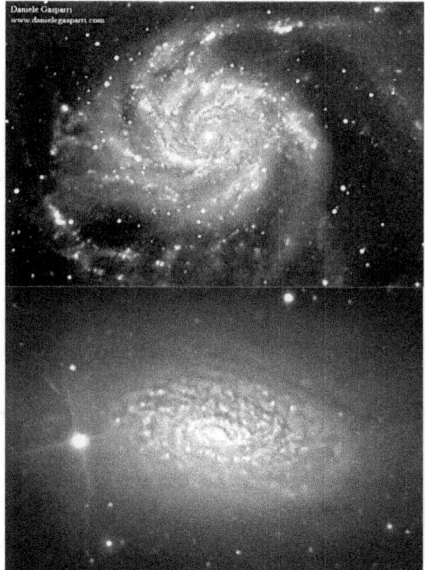

4.4: Galassie a spirale al telescopio. Cosa possiamo dire in merito alle proprietà e alla formazione dei loro bracci?

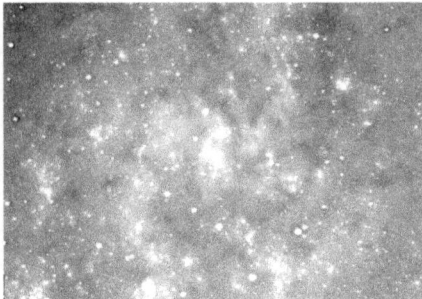

4.5: La galassia M33 al telescopio in due diverse lunghezze d'onda. A sinistra, un'immagine nel vicino infrarosso (IR), a destra nel vicino ultravioletto (UV). E' evidente il diverso aspetto: a cosa è dovuto?

Cosa possiamo dire in merito alle immagini?

- I bracci a spirale sono in numero, dimensioni e forma diversi a seconda delle galassie.
- L'orientazione è diversa e non sembra esserci una direzione preferita.
- I bracci sembrano essere formati da addensamenti di materiale, in particolare regioni HII e brillanti stelle azzurre, mentre gran parte delle vecchie stelle gialle e rosse si trovano diffuse lungo tutto il disco, senza creare particolari addensamenti (confronta le riprese in IR e UV di M33, nell'immagine 4.5).
- Le nebulose oscure, dalle quali ricordiamo si formano le stelle, appaiono più evidenti sempre ai margini dei bracci, quasi sempre nella parte concava.
- Ci sono molte galassie nell'Universo che mostrano i bracci a spirale nonostante età diverse (basta guardare più lontano nello spazio per farlo anche nel tempo!) e tutte hanno una struttura simile, apparentemente non correlata all'età. Tutto fa pensare che la struttura a spirale sia molto stabile nel tempo (abbondantemente oltre i 5 miliardi di anni) e non si tratti di una perturbazione temporanea.

Tenendo conto di queste evidenze osservative, possiamo provare a sviluppare un modello, una teoria che permetta di giustificare l'esistenza dei bracci a spirale e le caratteristiche che abbiamo appena visto.

La prima idea che potrebbe balenarci nella mente è una struttura che si crea e sviluppa a causa della rotazione differenziale della galassia.
E' lecito pensare che i bracci a spirale siano zone della galassia che per qualche strano motivo hanno densità maggiori; essi si sviluppano a partire da condensazioni rettilinee lungo il diametro del disco e assumono la forma a spirale a causa della rotazione differenziale del materiale di cui sono composti.

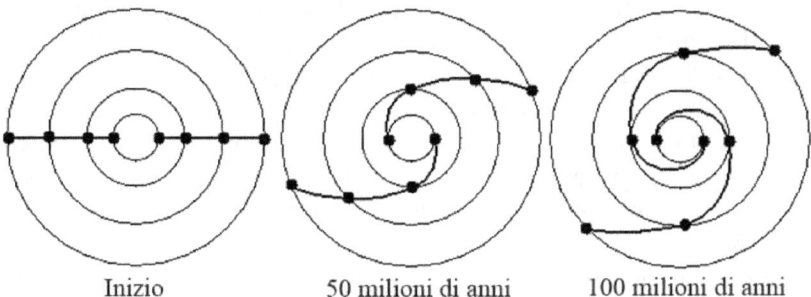

Inizio   50 milioni di anni   100 milioni di anni

Fig. 4.9: Se i bracci di spirale fossero il risultato della rotazione differenziale del disco, dopo poche rotazioni sarebbero completamente attorcigliati (winding problem). La struttura a spirale è, invece, stabile per almeno 10 miliardi di anni. Occorre cercare spiegazioni più profonde di questa.

Inizialmente (tempo zero), si ha una "striscia" di materiale più densa dell'ambiente circostante, che nel corso degli anni, a causa della rotazione differenziale, si deforma e assume l'aspetto di una spirale.
La rotazione si compie in senso antiorario e giustifica in questo modo la forma dei bracci.
Il modello, almeno concettualmente, sembra funzionare; esso spiega l'esistenza di una struttura a spirale e sembra anche giustificare il fatto che ci sono delle galassie con bracci larghi ed altre in cui essi sono strettamente avvolti, poiché la loro forma varia nel tempo.
Tuttavia ci sono altri problemi che emergono:
1) non si spiega la distribuzione dei diversi tipi spettrali di stelle: se un braccio è composto sempre dallo stesso materiale, perché c'è abbondante concentrazione di stelle azzurre solo su di esso e non su tutto il disco, come accade per le componenti rosse?

2) Perché le nubi oscure si trovano immediatamente ai confini dei bracci, spesso nella parte concava? Eppure da queste gigantesche nubi nascono le stelle, e le componenti giovani (azzurre) sono concentrate nei bracci. Come è giustificabile questa separazione?

3) Il problema dell'età. Il nostro modello, così come è stato costruito, prevede un'evoluzione troppo rapida dei bracci. Dopo poche rotazioni attorno al centro galattico, essi risulteranno così attorcigliati da essere indistinguibili e l'intera struttura scomparirebbe nel giro di un miliardo di anni. Il tempo di vita medio, di qualche centinaio di milioni di anni, si scontra con il fatto osservativo che in realtà la vita delle galassie a spirale è molto più lunga, dell'ordine dell'età dell'Universo! Il problema principale è proprio questo, detto in inglese winding, ovvero attorcigliamento: dopo qualche rivoluzione, i bracci di spirale dovrebbero attorcigliarsi e scomparire del tutto.

Questi tre punti, in effetti, confutano completamente l'idea dei bracci di spirale come frutto della rotazione differenziale della galassia: il modello proposto non può essere considerato corretto, occorre trovare un'altra spiegazione.

Furono due astronomi americani, **Lin e Shu**, che nella metà degli anni 60 proposero una teoria rivoluzionaria e ampiamente accettata per la formazione e l'esistenza dei bracci a spirale: la teoria delle onde di densità.

La spiegazione e dimostrazione di questa teoria è complicata ed esula dagli scopi di questo libro, per questo mi limiterò a citarne qualitativamente solo i punti fondamentali.

Lin e Shu affermarono che la struttura a spirale delle galassie non era causata da concentrazioni fisse di gas e stelle, che per effetto della rotazione differenziale si deformavano, piuttosto essa è dovuta alla presenza, lungo il disco, di onde di densità quasistatiche.

Cosa significa tutto questo?

I bracci a spirale sono in effetti delle zone sul disco galattico dove la densità del materiale è maggiore del 10-20% rispetto agli ambienti circostanti, ma essi non sono formati sempre dallo stesso materiale, non sono il risultato della rotazione differenziale. In realtà si tratta di perturbazioni, di onde di densità, sulla falsa riga delle onde sonore terrestri, che hanno una vita indipendente rispetto al materiale galattico e al suo moto di rivoluzione.

La struttura a spirale è quindi un'onda di densità che si muove lungo il disco, in modo indipendente rispetto a gas e stelle, le quali, quando la attraversano, si ritrovano raggruppate, rendendo visibile l'onda come un accumulo di densità.

Un esempio comune, ma molto esplicativo, per capire le onde di densità è il seguente.

Immaginate una larga e trafficata autostrada che scorre velocemente; essa rappresenta il disco galattico, e le macchine che la percorrono sono le stelle che vi orbitano. In un tratto di questa strada ci sono dei lavori o la presenza di buche o nebbia, o un camion grosso e lento; insomma, in questo punto il traffico rallenta e si concentra. In questa zona si forma un accumulo di macchine, che ral-lentano, si avvicinano tra loro ma poi riescono ad uscirne (Fig. 4.10).

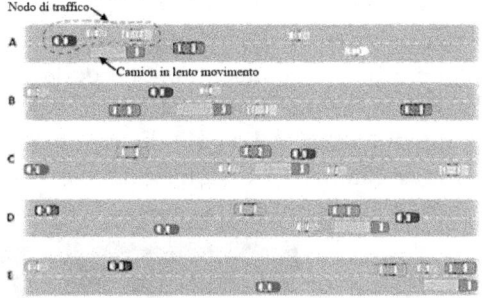

Fig. 4.10: Un'onda di densità nei dischi galattici può essere pensata come un nodo di traffico causa-to da un camion in lento movimento. In prossimità di esso le auto (le stelle) in moto (orbitale) rallen-tano e si addensano (formando bracci a spirale). Dopo qualche tempo le singole auto escono dal nodo e proseguono la loro corsa ma altre ve ne entrano ed il nodo continua a vivere, benché com-posto da materiale nuovo. I bracci di spirale sono perturbazioni, onde di densità (come il suono!), che causano un addensamento di materiale, e non viceversa.

Il caso galattico è lo stesso: sul disco, ad un certo punto, vi è una zona (l'onda di densità) che tende a raggruppare il materiale che vi entra, rallentandolo e comprimendolo, rendendo visibile il braccio.

Il materiale, però, continua il suo moto orbitale, generalmente maggio-re rispetto alla velocità di propagazione dell'onda (detta, in inglese, pattern velocity) e dopo un certo tempo, dell'ordine di qualche milio-ne di anni, ne uscirà, tornando alla densità e velocità originaria.

L'onda di densità è quindi un'entità a se stante: il fatto che il materiale a ridosso dell'onda aumenti di densità e renda visibile i bracci è la conseguenza dell'esistenza dell'onda di densità, non la causa della creazione dei bracci di spirale. Il materiale che attraversa l'onda di densità viene compresso e da vita ai bracci a spirale.

La formazione di queste onde di densità è da far risalire, probabilmente, a piccole perturbazioni gravitazionali durante il processo di formazione della galassia, che vedremo meglio nel capitolo 9. Probabilmente, durante il collasso della nube o delle nubi che andranno a formare la protogalassia si verificano delle asimmetrie nel tasso di formazione stellare o nella concentrazione della massa. Una perturbazione gravitazionale, anche di piccola entità, verrà autosostenuta nel tempo dalla forza di gravità della galassia stessa, dando origine ai bracci di spirale; sempre l'autogravità della galassia riuscirà a mantenere stabili le onde di densità per miliardi di anni.

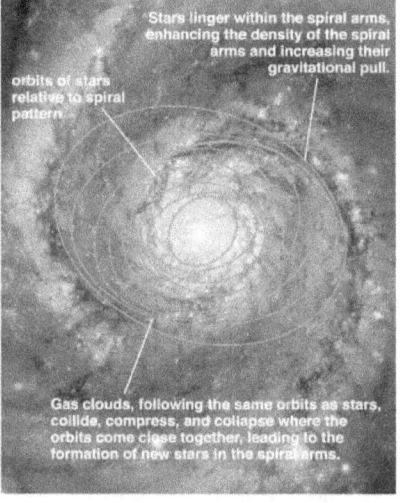

Fig.4.11: Proprietà e disposizione dei bracci di spirale secondo la teoria delle onde di densità di Lin e Shu. Secondo questa ipotesi ampiamente accettata, i bracci di spirale sono onde di densità che si autoalimentano con la forza di gravità della galassia stessa, indipendenti dal materiale e dalla rotazione del disco.

Nelle zone interne del disco galattico il periodo di rotazione delle stelle è generalmente minore di quello dell'onda di densità ed esse vi entrano e poi la sopravanzano, mentre nelle zone esterne il periodo di rotazione delle stelle è maggiore di quello dell'onda; in questo caso è lei che raggiunge, ingloba e poi abbandona il materiale che trova nel suo percorso. Vi è infine un raggio, detto raggio di co-rotazione, in cui la velocità dell'onda e del disco è la stessa. In effetti, in quel punto il braccio a spirale tende ad essere formato dallo stesso materiale.

A proposito della rotazione, nonostante abbiano velocità differenti, il disco e le onde di densità ruotano nello stesso verso. Nella grande maggioranza dei casi, la rotazione avviene nel verso opposto nel quale puntano i bracci, in inglese trailing (letteralmente a rimorchio).

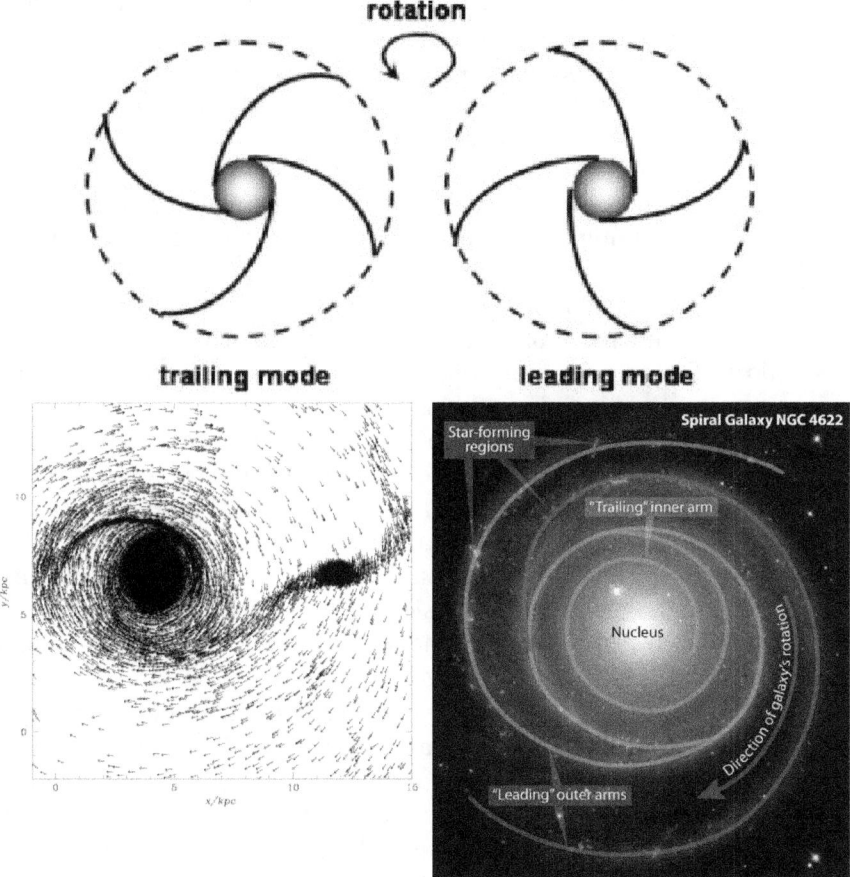

Fig. 4.12: Molte galassie a spirale hanno un verso di rotazione detto trailing, come mostrato nella figura a sinistra. A destra, un caso piuttosto raro di galassia intermedia: i bracci interni sono trailing, quelli esterni leading, indizio di una probabile fusione o interazione con un'altra galassia di massa minore.

Vediamo ora se tale teoria, descritta in modo volutamente semplificato, è in grado di spiegare le evidenze osservative:

- Non c'è più il fenomeno dell'attorcigliamento dei bracci del precedente modello: l'onda ha vita a se stante e può autosostenersi per tempi scala di decine di miliardi di anni.
- La distribuzione delle stelle e delle nubi molecolari è spiegata. Il materiale del disco (stelle e gas), si trova ad avere un periodo di rotazione diverso rispetto all'onda, per questo esso vi si avvicina, fino ad essere inglobato. Una volta dentro l'onda il materiale rallenta e si comprime; in questo modo le grandi nubi molecolari di gas freddo subiscono delle perturbazioni che spesso portano alla nascita di imponenti processi di formazione stellare, producendo stelle di ogni classe spettrale, su tempi scala dell'ordine di qualche centinaio di migliaia di anni (per formare stelle 15 volte più massicce del Sole).
  Le giovani e calde stelle azzurre sono molto luminose e accendono letteralmente il braccio, scaldando il gas residuo e trasformando la fredda nube molecolare in una regione HII (nebulosa ad emissione), dalla tipica colorazione rossa.
  Le nubi oscure, quindi, tendono a scomparire a cavallo del braccio e sono confinate solamente nella zona immediatamente precedente l'ingresso nell'onda di densità. La vita delle stelle più grandi è dell'ordine di qualche decina di milioni di anni, terminando la loro esistenza prima ancora di riuscire ad abbandonare l'onda di densità. Solo le stelle meno massicce abbandonano l'onda e vanno a popolare il disco: in questo modo si spiega la diversa distribuzione stellare.
- Il diverso numero dei bracci a spirare e il modo in cui sono legati è ancora oggetto di studio. La teoria di Lin e Shu infatti, nella sua forma più semplice, prevede molto bene l'esistenza di due grandi e simmetrici bracci (spirali grand-design), ma fatica ancora a giustificare l'esistenza delle galassie flocchilucenti (flocculent, in inglese), ovvero quella classe di galassie nelle quali i bracci sono numerosi, spesso strettamente avvolti e poco definiti, come M63 (vedi immagine 4.4 in basso a sinistra). Ciò comunque non significa assolutamente che la teoria delle onde sia errata, piuttosto che

occorre sviluppare un modello forse più complesso. Si pensa infatti che le galassie flocchilucenti siano il risultato della combinazione (lineare) di molte onde di densità.

Non si esclude tuttavia che questa classe di spirali sia totalmente diversa dalle altre e alla base dello sviluppo dei bracci ci sia un meccanismo del tutto diverso.

La teoria delle onde di densità, sebbene non in modo così semplice e forse non in maniera così autosufficiente, sembra comunque essere la più plausibile per spiegare la presenza e la durata dei bracci di spirale. L'apparato teorico sviluppato da Lin e Shu prevede anche una giustificazione fisica per la formazione di queste gigantesche onde di densità, causate da perturbazioni di natura gravitazionale nel disco galattico, probabilmente a causa della distribuzione non simmetrica delle orbite stellari attorno all'asse di rotazione. Dimostrare questa affermazione dal punto di vista fisico-matematico esula dagli scopi di questo libro e richiede conoscenze specifiche.

4.6: La galassia M51, benché disturbata dalla compagna in interazione, è una spirale grand-design, con due bracci che dipartono dal nucleo, contrariamente ad M63 classificata come galassia flocchilucente (immagine 4.4 in basso a sinistra).

Ciò che è importante, è capire che una volta che si crea una perturbazione nel disco la sua gravità tende ad autosostenerla e addirittura amplificarla.

Simulazioni con potenti computer hanno verificato che la teoria delle onde di densità giustifica la creazione e la sopravvivenza di un'onda di densità lungo il diametro del disco galattico che attraversa la zona nucleare e forma quelle che in inglese sono dette grand-design galaxies, ovvero galassie dalla forma perfettamente simmetrica, con due grandi bracci a spirale. Nel cielo ve ne sono in abbondanza esempi di questo tipo; la più famosa è senza dubbio la galassia vortice M51, la cui struttura di spirale quasi perfetta è facilmente alla portata di qualunque telescopio.

4.4 Leggi di scala per le galassie a spirale

Abbiamo fino ad ora analizzato brevemente la classificazione delle spirali, come ruotano, come si postula l'esistenza della cosiddetta materia oscura e come possono svilupparsi i bracci a spirale. Abbiamo visto delle caratteristiche comuni a tutte: alone stellare permeato da materia oscura e ammassi globulari, disco sottile con i bracci a spirale nei quali si trovano anche giovani stelle blu-azzurre e numerose regioni HII, bulge interno che costituisce un'entità indipendente con caratteristiche fisiche e cinematiche completamente diverse rispetto al disco. Abbiamo visto anche alcune differenze, soprattutto nella struttura a spirale che non appare la stessa quasi mai: ci sono galassie con due bracci ben distinti, altre nelle quali sono strettamente avvolti, altre ancora nelle quali il loro numero è difficile da identificare con certezza o che possiedono un basso contrasto. Anche le dimensioni galattiche variano da poche migliaia di anni luce a centinaia di migliaia delle spirali più grandi conosciute: Andromeda e la Via Lattea.

Possiamo allora affermare che c'è una grande libertà con la quale si presentano e sviluppano le galassie a spirale nell'Universo? Ci sono dei criteri, delle leggi da rispettare, oppure non ci sono vincoli alle dimensioni, forma e distribuzione della massa al loro interno?

In Natura nulla è generalmente lasciato al caso; nelle pagine seguenti imparerete come le galassie debbano soddisfare certe regole. Lo scopo della scienza e dell'astrofisica è in fin dei conti questo: riuscire a capire, dalle osservazioni, le leggi che regolano i fenomeni naturali, in questo caso il funzionamento e la vita delle galassie a spirale.

Il metodo da seguire è quello di osservare molte spirali e cercare di legare dei dati osservativi relativamente facili da ricavare (luminosità superficiale, dimensioni, velocità di rotazione) a grandezze fisiche (luminosità assoluta, distanza, forma..) non direttamente misurabili per capire le regole della Natura.

Le leggi di scala permettono di fare questo: attraverso delle prove empiriche si cercano delle correlazioni tra delle variabili fisiche.

4.4.1 Tully-Fisher

La relazione di scala sicuramente più importante è quella scoperta dagli astronomi Tully e Fisher nel 1977.

Essi trovarono una correlazione tra la luminosità assoluta di una galassia a spirale e la massima velocità orbitale delle stelle, secondo una relazione del tipo: $L \propto v_{max}^n$ *; questa è la prima prova che le galassie a spirale seguono delle leggi naturali. Maggiore è la velocità di rotazione massima, maggiore è la luminosità assoluta.

Poiché esiste una relazio-

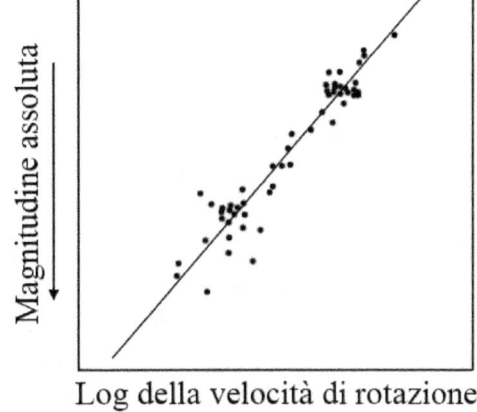

Fig. 4.13: La relazione di Tully e Fisher lega la luminosità assoluta di una galassia alla velocità massima di rotazione.

ne tra luminosità e massa, questo significa che maggiore è la velocità di rotazione, maggiore sarà la massa della galassia; queste grandezze sono legate dalla relazione di Tully e Fisher che pone quindi delle regole stringenti alla luminosità e alla cinematica di una galassia a spirale.

La relazione inoltre ci lega un dato osservabile, la massima velocità di rotazione, alla luminosità assoluta della galassia, un valore che dipende dalla distanza alla quale si trova, non sempre facile da determinare. $L \propto v_{max}^n$ ci dice che misurando la velocità massima di rotazione risalgo alla luminosità assoluta e quindi alla distanza. In effetti le leggi di scala sono degli ottimi strumenti per misurare le distanze galattiche.

---

* Il simbolo $\propto$, già visto in precedenza, si legge proporzionale ed identifica una relazione tra due grandezze, a meno di una o più costanti.

4.4.2 Legge di De Vaucouleurs (bulge)

Il bulge delle galassie a spirale è, come già visto, un elemento pressoché indipendente dal disco: esso ha una sua determinata popolazione stellare, una forma sferoidale e le stelle al suo interno tendono a muoversi in orbite caotiche, assomigliando molto al comportamento delle galassie ellittiche. L'astronomo Gerard De Vaucouleurs scoprì che tutti i bulge delle galassie a spirale hanno la stessa distribuzione di luminosità in funzione del raggio, con una dipendenza del tipo: $L_{sup} \propto 1/r^{1/4}$; maggiore è la distanza dal centro, minore è la luminosità superficiale.

Tutti i bulge delle spirali finora osservate mostrano questa stretta correlazione tra luminosità e distanza.

La legge di De Vaucouleurs viene detta anche legge alla ¼, proprio per evidenziare la dipendenza tra la luminosità superficiale, dipendente sempre e solo dalle proprietà fisiche dell'oggetto e non dalla distanza alla quale lo si osserva, ed il raggio galattico.

Vedremo di nuovo questa legge nel caso delle ellittiche.

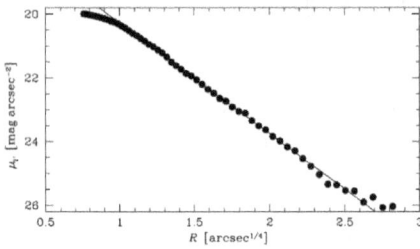

Fig. 4.14: Profilo di luminosità di De Vaucouleurs. I punti osservativi sono perfettamente sovrapposti all'andamento previsto dalla legge. Tutti i bulge delle galassie a spirale (e le ellittiche) seguono questa legge. La Natura non ha previsto andamenti diversi da questo. Perché?

4.7: Tipico bulge di una spirale visto esattamente di profilo. Ogni bulge dell'Universo segue la legge di De Vaucouleurs.

4.4.3 Profilo di luminosità del disco (esponenziale)

Cosa dire in merito alla distribuzione di luminosità del disco in funzione della distanza dal centro? Per il bulge abbiamo visto che si ha un andamento descritto dalla legge di De Vaucouleurs; ci sono dei limiti per il disco? Ad esempio, esistono delle galassie a spirale con un disco di luminosità superficiale uniforme che termina improvvisamente? Oppure, è possibile trovare dei dischi galattici la cui luminosità aumenta con la distanza dal centro?

La risposta è negativa: il profilo di luminosità dei dischi è regolato da una legge

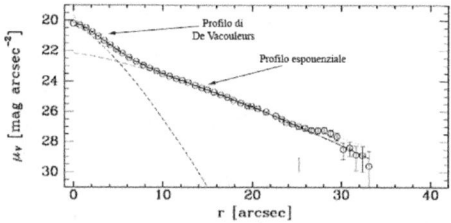

Fig. 4.15: Profilo di luminosità esponenziale di una galassia. Nel bulge l'andamento è quello di De Vaucouleurs. Quando inizia il disco, il profilo diventa esponenziale. Le linee tratteggiate indicano gli andamenti teorici.

di tipo esponenziale e nessun'altra combinazione è possibile: $L_{sup} \propto e^{-r/h_0}$. Aumentando la distanza dal centro la luminosità superficiale del disco diminuisce in modo esponenziale.

4.4.4 Legge di Freeman

Nel 1970 Freeman scoprì un fatto totalmente inaspettato. Egli misurò la luminosità superficiale delle zone centrali del disco, dopo avervi sottratto il contributo dovuto dalla luminosità del bulge, e scoprì che le galassie a spirale tendono ad avere la stessa luminosità superficiale nelle zone centrali. Le galassie di tipo Sc e precedenti, nella classificazione di Hubble, hanno luminosità superficiali (nel Blu) di $21,52 \pm 0,39 \, mag/arc\sec^2$ mentre per quelle nane di tipo Sd o successivo si è trovato un valore di $22,61 \pm 0,47 \, mag/arc\sec^2$.

Come si interpretano questi dati?

1) E' stato dimostrato che questo risultato si avrebbe se tutte le galassie avessero (circa) lo stesso contenuto di materia oscura rispetto a quella luminosa, ovvero se il rapporto materia oscura/materia luminosa fosse circa uguale per tutte.

2) E' possibile dividere le spirali in soli due grandi gruppi, a seconda della loro luminosità e probabilmente diversi rapporti di materia.

Recenti osservazioni hanno messo in discussione questa legge, assumendo che si tratti di un bias di selezione, ovvero di una legge che deriva dalla diversa osservabilità di galassie con minore luminosità superficiale. Alcuni astronomi affermano, invece, che si tratti di un errore nei calcoli di Freeman o di un artefatto introdotto dalle notevoli quantità di polveri presenti nei dischi galattici.

Come spesso succede nella scienza, dobbiamo prendere le teorie con le dovute precauzioni e non come dogmi inattaccabili: il compito della ricerca scientifica è confutare una teoria, non quello di trovare tutte le possibili situazioni nella quale invece è confermata.

La legge di Freeman è quindi valida o no?

Al momento appare la più debole delle leggi di scala ed occorrono altre osservazioni e dati da analizzare per confermarla o smentirla del tutto, sebbene la tendenza, in ambienti astrofisici, sia quella di considerarla un bias di selezione.

Anche le altre leggi di scala, come tutte le leggi empiriche, sono continuamente sottoposte alla prova della veridicità attraverso numerose nuove osservazioni, che, probabilmente, porteranno a qualche lieve aggiustamento nel corso degli anni.

Come abbiamo già affermato, le leggi di scala sono relazioni empiriche tra quantità osservabili (raggio effettivo, luminosità superficiale) e quantità difficilmente quantificabili, prima su tutte la distanza.

La stima delle distanze galattiche è un punto fondamentale per l'astrofisica galattica e la cosmologia; per questo motivo molti sforzi si concentrano nella ricerca di nuovi e più precisi metodi per stimare questa fondamentale grandezza, la cui conoscenza è cruciale per capire il funzionamento, la storia e l'evoluzione di tutte le strutture e dell'Universo stesso.

5. Galassie ellittiche

5.1: Le galassie ellittiche M86 (sinistra) ed M84 (destra) nell'ammasso della Vergine. Le grandi ellittiche come queste si trovano sempre nelle zone centrali dei grandi ammassi, non per caso.

5.2: L'ellittica M87, nell'ammasso della Vergine, è una gigante e contiene migliaia di miliardi di stelle. Questa classe di oggetti è il frutto della fusione di 2 o più componenti.

Le galassie ellittiche costituiscono circa il 20% della popolazione galattica sinora nota e sono degli oggetti molto diversi rispetto alle galassie a spirale.

Cominciamo dalle dimensioni: sono ellittiche la maggior parte delle galassie nane (anche alcuni satelliti della Via Lattea e di Andromeda) che popolano l'Universo in gran numero, oppure le gigantesche galassie nei grandi ammassi come quello della Vergine.

All'osservazione telescopica, le galassie ellittiche si presentano molto diverse da

5.3: Le galassie ellittiche hanno aspetto diffuso, sono prive di dettagli e mostrano una colorazione tendente al giallo-arancio, segno che la popolazione stellare è piuttosto diversa da quella dei dischi delle spirali.

quelle a spirale: la loro forma tende ad essere sferica o leggermente schiacciata, ma non osserveremo mai dei dischi sottili come le spirali.

Possiamo affermare, quindi, che le galassie ellittiche non sono dei dischi privi di struttura a spirale, come si potrebbe ipotizzare a prima vista, ma oggetti sferoidali, presumibilmente con un limite preciso alla loro eccentricità. Il nucleo è generalmente molto luminoso e la struttura non sembra avere un confine netto; in effetti, esse non hanno confini precisi, con la distribuzione stellare che sfuma nel fondo cielo.

Riprendendo delle immagini a colori possiamo scoprire come questi oggetti siano tendenzialmente di colore giallo-arancio. Alle lunghezze d'onda blu ci appaiono piuttosto deboli e soprattutto non mostrano alcun dettaglio al loro interno: sembrano molto differenti rispetto alle galassie a spirale.

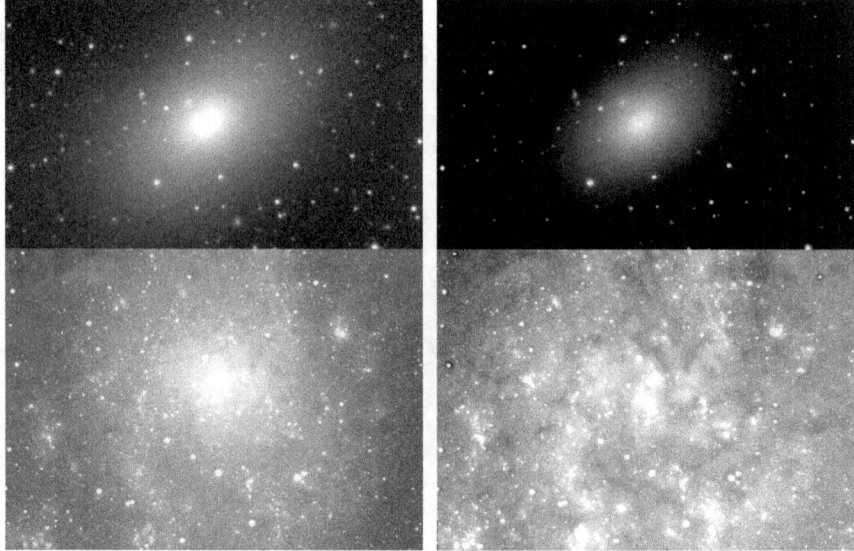

5.4: Confronto tra una tipica galassia ellittica ed una spirale a diverse lunghezze d'onda. A sinistra: un filtro rosso evidenzia molto bene l'ellittica e il bulge della spirale. A destra: un filtro blu rende molto evanescente l'ellittica ma fa letteralmente esplodere i bracci della spirale, ricchi di stelle blu e gas caldo e freddo.

Effettivamente la popolazione stellare sembra piuttosto arrossata, sintomo che abbiamo a che fare con un oggetto vecchio, privo di gas freddo (le nebulose oscure) e caldo (regioni HII), nel quale la formazione stellare sembra assente o comunque molto ridotta. L'aspetto generale ricorda, come abbiamo avuto già modo di dire, il bulge delle galassie a spirale.

Recenti osservazioni condotte con grandi telescopi professionali hanno permesso di scoprire all'interno di molte ellittiche quantità apprezzabili di gas freddo, ma in misura molto minore (1 milione di masse solari tipicamente) rispetto alle gigantesche nubi oscure delle spirali (decine di miliardi di masse solari), disposto in modo piuttosto disordinato.

Non si può quindi escludere a priori la presenza di gas, ma si può senza dubbio affermare che i processi di formazione stellare sono quasi totalmente assenti (anche se qualche componente azzurro-bianca è stata rilevata), fatta eccezione per una classe di ellittiche nane completamente diverse da tutte le altre e che analizzeremo nelle prossime pagine, quando parleremo della loro classificazione.

Cerchiamo di andare avanti e scoprire qualcosa di più analizzando alcune immagini facilmente alla portata di telescopi amatoriali.

5.1 Forma e classificazione

5.5: Alcuni esempi di galassie ellittiche. E' evidente come la forma e le dimensioni non siano le stesse. Possiamo quindi cercare di raggruppare tutte le ellittiche e capire se seguono delle leggi ben definite, ed eventualmente scoprire quali.

79

Le immagini ci dicono che non tutte le galassie ellittiche hanno la stessa forma: si passa da quelle quasi perfettamente circolari a quelle molto allungate.

Possiamo quindi fare una prima classificazione in base all'eccentricità dell'ellisse che vediamo. Tuttavia, come già discusso (vedi 1.3), gli oggetti che osserviamo sono proiettati sulla sfera celeste e la forma che appare può non essere quella reale.

Con la prudenza necessaria dopo queste considerazioni, procediamo ugualmente nella classificazione per vedere se può esserci in qualche modo utile.

Misurando, in secondi d'arco, il semiasse maggiore e quello minore, possiamo ricavarci l'eccentricità delle ellissi e classificare le galassie in base a questo valore.

Hubble negli anni 30 fece proprio questa assunzione e divise le ellittiche in 7 gruppi, dalle E0 (sferiche) alle E7, quelle con la massima eccentricità.

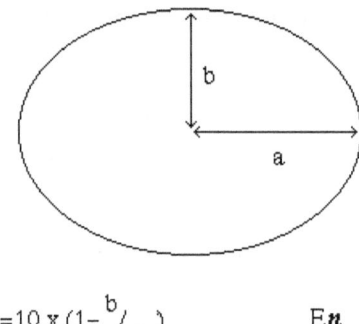

$$n = 10 \times (1 - {}^{b}/_{a}) \qquad E\textit{n}$$

Fig. 5.1: Possiamo classificare le ellittiche in base all'eccentricità del disco da loro proiettato sulla sfera celeste, tenendo ben presente, però, che la forma reale può essere diversa.

Ora dobbiamo tenere presente il problema della proiezione.

Le galassie ellittiche ci appaiono sia sferiche che schiacciate, è lecito immaginare che in generale una galassia ellittica abbia una forma tridimensionale allungata, simile a quella di un missile.

In linguaggio più tecnico, possiamo dire che una galassia ellittica ci appare come un ellissoide di rotazione.

Osservata sulla sfera celeste ogni galassia ci appare bidimensionale, proiettata su un piano. Per conoscere la forma reale dobbiamo tenere presente questo importante fatto, lo stesso principio che ci fa apparire le nebulose planetarie a forma di un guscio sferico come un anello.

La forma che osserviamo dipende quindi da come sono orientati gli assi della galassia rispetto all'osservatore e non rispecchia necessariamente la forma reale (Fig. 5.2).

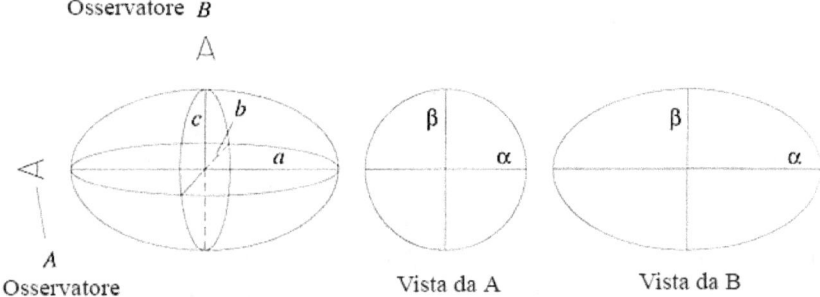

Osservatore *B*

Osservatore

Vista da A

Vista da B

Fig. 5.2: Una galassia ellittica ha forma ellissoidale (ellissoide di rotazione). Se la osserviamo lungo l'asse maggiore appare perfettamente sferica. Solo se vista esattamente lungo l'asse minore mostra la sua reale eccentricità, altrimenti apparirà sempre più sferica di quanto non sia in realtà.

Come già accennato (1.3), la classificazione delle ellittiche in base alla forma osservata è da prendere un po' con le molle poiché dipende dalla posizione dell'osservatore.

E' molto difficile, se non impossibile, riuscire a ricavare la forma tridimensionale, ergo l'orientazione degli assi dell'ellissoide galattico; non possiamo quindi capire se la forma osservata sia reale oppure no.

Guardando attentamente la figura precedente possiamo però capire un importante effetto della proiezione.

La proiezione sulla sfera celeste può rendere la galassia più sferica di quanto non sia in realtà, ma non la potrà mai far apparire più schiacciata di quanto non è, quindi le ellittiche più schiacciate che possiamo osservare non sono sicuramente modificate dall'effetto della proiezione sulla sfera celeste.

La relazione per la classificazione delle galassie ellittiche (Fig. 5.1) ammette in teoria un rapporto tra i semiassi fino ad n=10. Nella realtà non si sono mai osservate ellittiche E10, ma al massimo E7: c'è quindi un limite all'eccentricità e di certo questo non può essere un caso.

Capire le implicazioni fisiche di questo limite, reale ed osservato, sarà molto importante per individuare i meccanismi di formazione ed evoluzione di questi oggetti e le eventuali differenze con le galassie a spirale.

5.2 Classificazione morfologica

La classificazione fatta in precedenza in merito alla forma delle ellissi ci ha fatto scoprire che, a prescindere dalla proiezione, non esistono galassie più schiacciate di una E7, ma non ci permette di scoprire altre proprietà. Dobbiamo osservare meglio questi oggetti e procedere in modo diverso, cercando di trovare qualche punto in comune tra di loro e magari estrapolare qualche altra informazione.

Proprio all'inizio della nostra trattazione abbiamo accennato al fatto che sono ellittiche le due piccole galassiette satelliti (principali) di Andromeda e la gigante M87 al centro dell'ammasso della Vergine. Tra queste due classi di oggetti, benché dalla forma simile, esiste una differenza di dimensioni dell'ordine delle 15 volte. Paragonate alle giganti, estese per milioni di anni luce, la differenza arriva a 300 volte.

Possiamo quindi classificare le galassie ellittiche in base alle loro dimensioni, o meglio, in base alla loro luminosità assoluta, la quale è legata alla quantità di materia (visibile) presente al loro interno.

Oggi lo schema di classificazione di Hubble è stato superato e le ellittiche si dividono in diverse classi morfologiche:

Galassie cD: sono gli oggetti più grandi dell'intero Universo, confinati nelle regioni centrali di grandi e densi ammassi di galassie. Hanno diametri dell'ordine del milione di anni luce (dello stesso ordine di grandezza che separa Andromeda dalla Via Lattea!). La loro luminosità assoluta è compresa tra $-22 \leq mag \leq -25$, con masse dell'ordine di $10^{13} - 10^{14}$ masse solari; seguono molto bene il profilo di luminosità di De Vacouleurs (vedi 4.4.2 e 5.4).

Contengono grandi quantità di materia oscura, con rapporti massa-luminosità anche oltre 750 volte quello solare, oltre a possedere migliaia di ammassi globulari.

Galassie ellittiche normali: a questa categoria appartiene la classe delle ellittiche giganti (gE), quella delle ellittiche con luminosità intermedia (E) e le ellittiche compatte (cE). Sono in ogni caso oggetti piuttosto compatti, con un nucleo concentrato e brillante, masse comprese tra $10^8 - 10^{13}$ masse solari, diametri tra 3000 e 600000 anni luce e rapporti massa-luminosità da 7 a più di 100 volte quello solare. Anche le galassie lenticolari, classificate da Hubble come S0, sono considerate appartenenti a questo gruppo.

Ellittiche nane (dE): sono galassie profondamente diverse dalle normali ellittiche. Generalmente più diffuse, contengono poca massa (tra 10 milioni e un miliardo di masse solari) con diametri compresi tra 3000 e 30000 anni luce. Anche il contenuto di metalli delle stelle è minore rispetto alle normali, mentre il numero degli ammassi globulari continua ad essere maggiore delle spirali.

Ellittiche nane sferoidali (dSph): sono oggetti appartenenti al gruppo delle nane, con luminosità minori, identificate solamente nelle vicinanze della Via Lattea. Si tratta di galassie morfologicamente simili a giganteschi ammassi globulari, contenenti da decine a centinaia di milioni di stelle in diametri spesso inferiori a 1000 anni luce. Dalle ultime osservazioni sembra che lo stesso ammasso globulare Omega Centauri sia in realtà una galassia ellittica nana (vedi immagine 5.6 sopra).

5.6: Omega Centauri, ritenuto a lungo un ammasso globulare, è in realtà una galassia ellittica nana nel cui centro si trova un buco nero. Le interazioni gravitazionali con la Via Lattea ne hanno modificato l'aspetto ed hanno lasciato intatte solamente le parti centrali.

Galassie nane compatte e blu (BCD): è una classe particolare di piccole galassie nane, completamente diversa rispetto a tutte quelle finora viste. Il loro colore tendente al bianco-azzurro ci dice che la popolazione stellare è particolarmente giovane. Queste classi di galassie in effetti contengono grandi quantità di gas (fino al 20% della massa totale della galassia!), sia caldo che freddo, presentando un sostenuto tasso di formazione stellare.

Questa classificazione è senza dubbio più completa e raggruppa tutte le tipologie di ellittiche, a prescindere dalla loro forma, considerando parametri più oggettivi quali la distribuzione della luminosità, la massa, le dimensioni e le popolazioni stellari.

5.3 Velocità di rotazione

Nonostante il problema della proiezione che ne falsa la reale forma, non possiamo pensare che tutte le galassie E0 ci appaiano perfettamente sferiche solo per un mero fatto prospettico, piuttosto che morfologico: alcune di esse saranno veramente sferiche, quindi la differenza tra le forme potrebbe essere reale, anche se non conosciamo le percentuali con cui si distribuiscono.

Una domanda legittima che possiamo porci nel percorso di conoscenza di questi oggetti allora potrebbe essere: perché le ellittiche ci appaiono di forme diverse?

Possiamo pensare che lo schiacciamento sia collegato alla velocità alla quale questi sistemi stellari ruotano: maggiore è la velocità di rotazione, maggiore sarà la forza centrifuga e quindi lo schiacciamento. Possiamo quindi enunciare la teoria secondo la quale le galassie ellittiche sono modellate dalla rotazione.

Per provare il nostro modello ci servono delle prove osservative, sfortunatamente oltre la portata della strumentazione amatoriale, ma non di quella professionale.

Attraverso l'analisi dello spettro, analogamente a quanto successo per determinare la velocità di rotazione delle galassie a spirale (vedi Fig. 4.3), possiamo risalire alla velocità di rotazione misurando lo spostamento di alcune linee spettrali a causa dell'effetto doppler. Con grande sorpresa scopriamo che la velocità media di molte galassie ellittiche è nulla o piccolissima, attorno ai 10 km/s. Cosa significa questo? Che le stelle non ruotano? No, perché esse cadrebbero in poco tempo nel centro; piuttosto la velocità media (quasi) nulla implica che le stelle non ruotano tutte nella stessa direzione ma in maniera piuttosto casuale.

In situazioni del genere, il valore medio di una grandezza (la velocità in questo caso) non ci fornisce dati significativi, anzi può portare ad interpretazioni errate come appunto che le stelle sembrano non ruotare. Ogni volta che si analizza il valore medio di una grandezza fisica, dalle velocità delle stelle alle temperature medie di una località terrestre, bisogna citare almeno un altro dato: la deviazione standard, una grandezza che ci da informazioni sulla dispersione dei dati.

Consideriamo un esempio: misura delle temperature medie di una località terrestre, in una settimana, alla stessa ora. Due scenari (estremi) sono possibili:

1) Durante la settimana la temperatura resta costante a 24°C: la media sarà quindi di 24°C.

2) Per tre giorni ho una temperatura di 35°C, per altri 3 giorni di 10°C e un giorno 33°C. La temperatura media della settimana sarà sempre di 24°C ma questo valore non è mai stato effettivamente raggiunto in nessun giorno della settimana. Inoltre ci sono stati sbalzi significativi, anche di 25°C!

Nel secondo caso, il valore medio non ci da le informazioni necessarie sulla reale distribuzione e variazione delle temperature nell'arco dei giorni della settimana.

La deviazione standard ci fornisce proprio indicazioni su quanto i dati in nostro possesso (le temperature in questo caso) si discostano dal valore medio, sono appunto dispersi.

Torniamo alle galassie ellittiche: la loro velocità di rotazione è quasi nulla, ma la deviazione standard? Ovvero, quanto vale la dispersione delle velocità delle singole stelle in una galassia ellittica? Molto, poiché le stelle devono pur orbitare intorno al centro: dell'ordine di qualche centinaio di km/s. Nelle galassie ellittiche il moto delle stelle avviene in maniera quasi totalmente casuale; la galassia ha pochissimo momento angolare, ma le stelle orbitano intorno al centro con velocità dello stesso ordine di grandezza delle spirali, nelle quali però il moto è ordinato (Fig. 5.3).

In realtà, come già accennato, una componente rotazionale dell'intero ellissoide galattico esiste, ma di intensità molto minore rispetto alla dispersione delle velocità.

Possiamo allora analizzare il rapporto tra la dispersione e la velocità di rotazione galattica e mettere in evidenza somiglianze e/o similitudini. Ad esempio, tutte le ellittiche tendono ad avere una bassissima velocità rotazionale? Possibile che tra migliaia di galassie non ne possa trovare una con alta rotazione? Ed è proprio vero che la forma di ogni ellittica non è il risultato dello schiacciamento per rotazione, come precedentemente affermato?

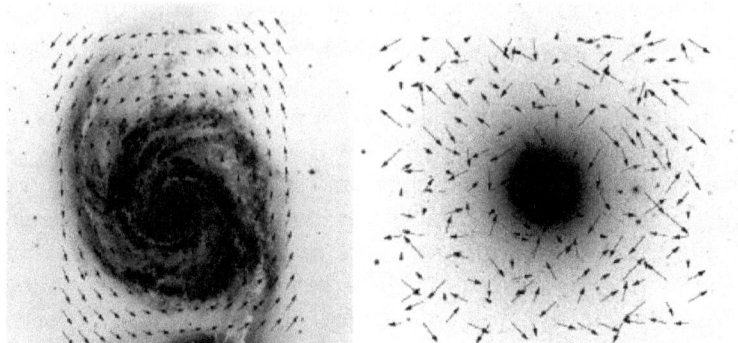

Fig. 5.3: Confronto tra i vettori velocità orbitale per una spirale (a sinistra) e un'ellittica. Tutta la materia nel disco sottile della spirale ruota nella stessa direzione e verso. Le ellittiche, al contrario, sono caratterizzate spesso da moti caotici. Questo implica che la loro forma non è influenzata dalla forza centrifuga e che le due classi sono molto diverse tra loro.

Per rispondere alle nostre domande è sufficiente calcolare la velocità di rotazione delle galassie e confrontarla con la dispersione e con l'eccentricità di questi oggetti (reale, non apparente). E' facile intuire infatti che, se la forma fosse dovuta alla rotazione, la velocità di rotazione (l'intensità) e la dispersione (il grado di ordine) saranno collegate direttamente all'eccentricità. In altre parole, affinché si abbia uno schiacciamento a causa della rotazione è necessario che le stelle non si muovano completamente in modo casuale ma possiedano un'apprezzabile componente ordinata. I dati che se ne ricavano sono un po' sorprendenti. Le ellittiche giganti e normali (ad esclusione delle cE) hanno dispersioni delle velocità molto alte rispetto alla componente ordinata e l'eccentricità non è dovuta alla rotazione; si dice che esse sono sostenute dalla pressione, per analogia con il moto delle particelle di un gas. Alcune di esse praticamente non possiedono momento angolare, con rotazioni di circa 2 km/s, a fronte di dispersioni oltre 100 volte superiori.

Per magnitudini assolute comprese tra $-18 < M_V < -20$ (cioè per le cE e parte delle nane ellittiche) le cose cambiano: la loro forma effettivamente è dovuta alla rotazione. Si dice allora che esse sono supportate principalmente dalla rotazione.

5.4 Proprietà fotometriche

Come per tutti gli oggetti astronomici, l'unica informazione che abbiamo a disposizione è la luce che raggiunge la Terra, per questo motivo dobbiamo cercare tutti i modi per estrapolare il massimo numero di informazioni da questo continuo flusso di fotoni.

Un'attenta analisi della distribuzione della luce all'interno delle galassie ellittiche può darci importanti informazioni in merito alla loro forma e alla distribuzione di materia al loro interno. Una tecnica molto interessante è quella di costruire dei profili di luminosità: nella pratica si analizza la luminosità superficiale, espressa in $mag / arc\sec^2$, in funzione della distanza dal nucleo galattico. Poiché le ellittiche sono piuttosto simmetriche, possiamo tracciare delle linee di uguale luminosità lungo la loro circonferenza, chiamate isofote (letteralmente: stesso numero di fotoni).

Le isofote di una galassia sono molto utili per cercare di capire la distribuzione di luminosità al suo interno e per cercare di dare un limite alle sue dimensioni. Contrariamente alle spirali, una galassia ellittica non sembra avere dei confini ben precisi, come abbiamo già accennato; in effetti la loro estensione su un'immagine fotografica dipende molto dallo stato del cielo e dalla magnitudine limite raggiunta. La mancanza di un confine netto rende difficile la misurazione del raggio (prima angolare e poi, conoscendo la distanza, reale).

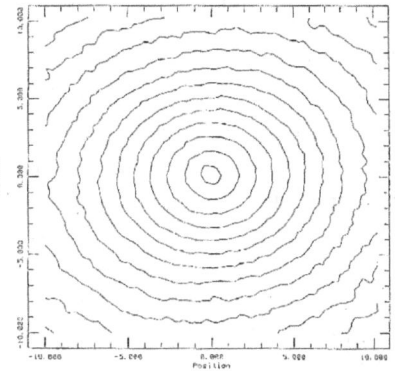

Fig. 5.4: Curve isofote, cioè di uguale luminosità, di una galassia ellittica.

Proprio per risolvere questo problema ed evitare che le misurazioni fossero falsate dalle capacità di ogni singolo strumento, si è arrivati a definire dei raggi in base alla quantità di luce che ci giunge da una certa zona. Le due definizioni più utilizzate sono il raggio di Holmberg (r_H) e il raggio effettivo (r_e). Entrambe fanno uso della luminosità superficiale, tenendo conto anche dei limiti osservativi del cielo terrestre. La magnitudine superficiale limite del più scuro cielo terrestre è di $22mag/arc\sec^2$, così, anche utilizzando i migliori sensori di ripresa con i più grandi telescopi del mondo (escluso l'Hubble che si trova fuori dalla nostra atmosfera), molto raramente si scende sotto la magnitudine $28mag/arc\sec^2$. Questo limite (dovuto alla nostra atmosfera) potrebbe falsare la misura dei reali confini delle galassie ellittiche, la cui distribuzione della luce è una legge di potenza che tende a zero all'infinito, per questo si sono definiti diversi raggi.

Il raggio di Holmerg è definito come la lunghezza del semiasse maggiore di una curva isofota alla quale corrisponde una magnitudine superficiale (nella banda B) di $26,5mag/arc\sec^2$, mentre quello effettivo (r_e) è la distanza angolare dal centro entro la quale si trova metà della luce totale della galassia (che non corrisponde alla metà del raggio reale!).

Questa definizione è utilizzata anche per i bulge delle spirali, a testimonianza ulteriore di quanto queste due classi di oggetti siano simili.

La definizione di raggio effettivo è in realtà più profonda e merita di essere analizzata più in dettaglio, poiché ci porterà a fare importanti assunzioni sulle galassie ellittiche e sui bulge delle spirali.

Fu l'astronomo Gerard De Vaucouleurs che nel 1948, cercando delle proprietà comuni alle galassie, si accorse che i bulge delle spirali e le ellittiche hanno un profilo di luminosità che segue sempre lo stesso andamento. A prescindere da forma e dimensioni, qualsiasi oggetto ellittico (termine per identificare le ellittiche e il bulge delle spirali) appare fatto sempre nello stesso modo: la distribuzione della luce al suo interno segue sempre lo stesso andamento.

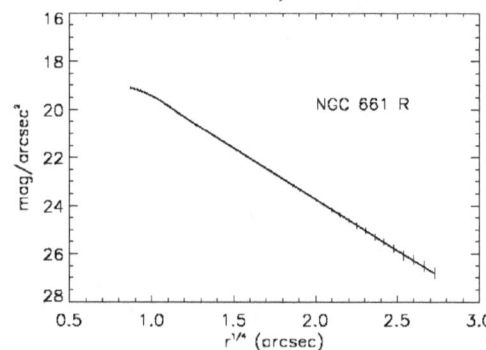

Fig. 5.5: Profilo di luminosità di una galassia ellittica. Tutte le ellittiche dell'Universo, e i bulge delle spirali, seguono l'andamento di De Vacouleurs. Non esiste una galassia stabile con un profilo diverso (a meno di casi particolari di fusione).

La luminosità superficiale in funzione della distanza dal centro è inversamente proporzionale alla radice quarta del raggio ($L_{Sup} \propto r^{1/4}$): più ci si allontana dal centro, minore è la luminosità superficiale, ma questo calo è strettamente correlato alla distanza, in modo uguale per ogni oggetto ellittico!

La Legge di De Vaucouleurs ci dice quindi due fatti estremamente importanti:

- Le ellittiche e i bulge delle spirali sono molto simili tra loro.

- Tutti i bulge e tutte le ellittiche (ad esclusione delle nane), a prescindere da ogni altra variabile, hanno la distribuzione di luminosità che ha sempre lo stesso andamento; è come dire che sulla Terra gli uomini bianchi e di colore appartengono alla stessa specie, nonostante evidenti differenze apparenti, e seguono delle regole genetiche ben determinate comuni a tutto il genere umano. Può sembrare banale a prima vista, ma così non è per degli esseri che si trovassero a studiare un mondo completamente alieno.

Il profilo di luminosità di De Vaucouleurs è ben seguito dalla classe delle ellittiche normali e delle giganti (cD), mentre per le altre, mano a mano che la massa diminuisce, il profilo assume una caduta esponenziale; questo è particolarmente vero per le classi dE e dSph. Sembra quindi che sia ancora una volta la massa a regolare la forma e distribuzione di luminosità (e quindi delle stelle) all'interno delle galassie ellittiche (e nei bulge delle spirali).

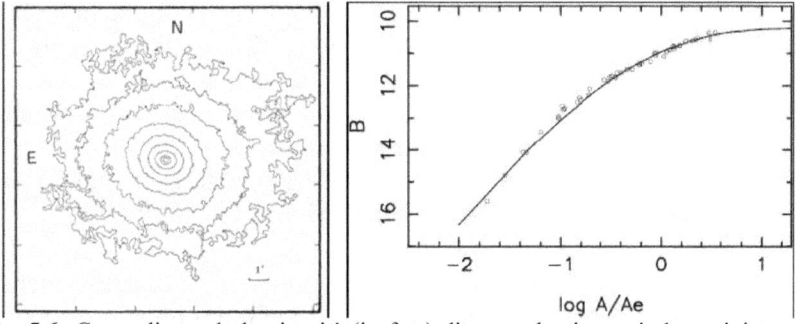

Fig. 5.6: Curve di uguale luminosità (isofote) di una galassia a spirale, a sinistra, e grafico del profilo di luminosità osservato, a destra. La linea continua identifica l'andamento teorico della legge di De Vaucouleurs; la precisione è molto elevata.

5.5 Leggi di scala per le galassie ellittiche

Dopo aver ricavato informazioni in merito alla forma, composizione chimica, dimensioni e differenze dinamiche tra le galassie ellittiche, approfondiamo brevemente in queste pagine tutte quelle informazioni che si possono ottenere in merito alle caratteristiche dell'intera popolazione.

Anche in questo caso procederemo con metodi fotometrici, alcuni dei quali abbiamo già incontrato.

Le leggi di scala (vedi

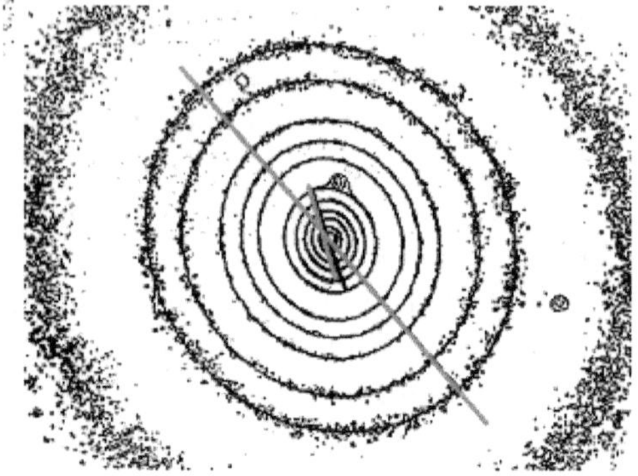

Fig.5.7: Le leggi di scala per le galassie ellittiche considerano la luminosità superficiale e il raggio effettivo, entrambe quantità misurate a partire dall'analisi delle curve isofote. Notate come non si considera il problema della proiezione degli oggetti sulla sfera celeste. I risultati sono comunque ottimi.

anche 4.4) sono relazioni sperimentali che collegano proprietà intrinseche a quantità misurabili, come il profilo di luminosità, la velocità di rotazione, la dispersione delle velocità o il raggio effettivo.

In altre parole, una legge di scala stabilisce una relazione tra alcune quantità di una certa classe di oggetti e ci suggerisce le regole e gli schemi che la Natura ha seguito nella loro formazione, nonché la distanza di questi oggetti, altrimenti molto difficile da stimare in modo accurato.

Nel capitolo riguardante le galassie a spirale abbiamo visto alcune di queste leggi di natura sperimentale (vedi 4.4).

Anche le galassie ellittiche godono di determinate proprietà, le quali rappresentano la prova delle leggi naturali con le quali "sono state costruite".

Il quadro sulle caratteristiche di questa popolazione galattica sembra essere leggermente più definito rispetto alle grandi problematiche che ancora avvolgono le galassie a spirale.

5.5.1 Faber-Jackson

Nelle pagine precedenti abbiamo visto che le galassie ellittiche giganti e normali sono oggetti che possiedono poca rotazione (poco momento angolare) e che le singole componenti orbitano intorno al centro in modo casuale, producendo in questo modo un'elevata dispersione delle velocità.

Ci si potrebbe chiedere, allora, se esista una correlazione tra la dispersione delle velocità e le dimensioni delle galassie ellittiche. Benché abbiamo già sollevato il problema della materia oscura, possiamo vedere comunque se la velocità orbitale delle singole componenti sia in qualche modo collegata alla luminosità (assoluta) della galassia, cioè alla quantità di materia visibile presente.

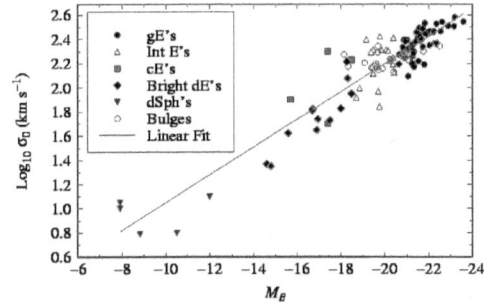

Fig. 5.8: Legge di Faber-Jackson: la luminosità assoluta di una galassia è proporzionale alla quarta potenza della dispersione delle velocità orbitali. Poiché la dispersione ci da informazioni sui moti delle singole componenti, la relazione ci dice che maggiore è la luminosità, maggiori sono le velocità orbitali delle stelle, benché continuino ad essere casuali. Si tratta dell'analogo della Tully-Fisher per le spirali.

In effetti tale correlazione esiste: dalle osservazioni si è visto che la dispersione delle velocità è proporzionale alla luminosità assoluta della galassia: $L \propto \sigma^4$. Questa correlazione è chiamata relazione di Faber-Jackson, dal nome dei primi astronomi che la scoprirono. Essa mette in relazione diretta la dispersione delle velocità con la magnitudine assoluta della galassia. Poiché σ (sigma) si misura analizzando lo spettro, possiamo ricavarci facilmente la luminosità assoluta e quindi la distanza della galassia.

Tuttavia, come si può vedere dalla figura, la correlazione non è proprio stretta e questo porta ad errori nella stima delle distanze galattiche. In gergo statistico si è soliti affermare che c'è dispersione nei dati e la correlazione non è stretta, portando a barre d'errore anche del 40%.

5.5.2 Kormendy

Fu l'astronomo Kormendy a scoprire empiricamente un'altra importante legge di scala (1977) che pone in relazione la luminosità superficiale media, entro la regione del raggio effettivo, con il raggio effettivo stesso (di De Vacouleurs) delle galassie ellittiche*.

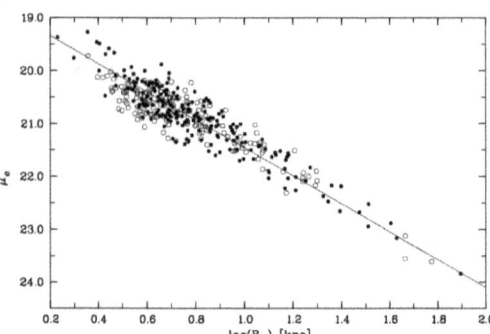

Fig. 5.9: Legge di Kormendy. La luminosità entro il raggio effettivo è inversamente proporzionale alle sue dimensioni.

Essa ci dice che maggiore è il raggio effettivo della galassia, minore è la luminosità superficiale media delle regioni interne (maggiore è quindi il valore della magnitudine superficiale), secondo la relazione $< I_e > \propto r_e^{\alpha-2}$, (scritta in termini di luminosità superficiale e non di magnitudine). Apparentemente questa relazione è difficile da comprendere e da utilizzare, ma non è affatto vero.

Identifico il raggio effettivo misurandolo in secondi d'arco e poi misuro la luminosità superficiale media, espressa in $mag/arc\sec^2$, che fornisce direttamente la misura del raggio effettivo in Kpc (migliaia di Parsec) e quindi la distanza dalla Terra. Anche in questo caso ho un ottimo strumento per misurare la distanza delle galassie semplicemente analizzando la luminosità superficiale entro il raggio effettivo. Tutte le galassie ellittiche soddisfano questa relazione, così come per la Faber-Jackson, nonostante mostri anche essa una certa dispersione dei dati.

---

* In modo totalmente equivalente, la relazione porta agli stessi risultati utilizzando la luminosità superficiale alla distanza del raggio effettivo, piuttosto che quella media entro di esso.

5.6 Il piano fondamentale

Le due relazioni viste fino ad ora sono solo alcune leggi di scala sviluppate nel corso degli anni che mostrano correlazioni più o meno strette tra elementi osservativi (velocità, luminosità superficiale) e caratteristiche fisiche delle galassie ellittiche.

Se analizziamo bene le due leggi precedenti, possiamo ricavare ancora preziose informazioni. La dispersione relativamente alta dei dati ed il fatto che le due leggi contengano grandezze comuni (la distanza, ad esempio, attraverso la luminosità assoluta), ci induce a pensare che esse siano solamente il caso particolare di una relazione molto più generica e precisa

Se la Faber-Jackson lega la dispersione delle velocità alla luminosità assoluta: $L \propto \sigma^4$, e la Kormendy le dimensioni del raggio effettivo alla luminosità superficiale, dalla quale ricavo la luminosità assoluta: $<I_e> \propto r_e^{\alpha-2}$ ➜ $L \propto r_e^{\alpha}$, allora appare chiaro che le due relazioni non sono indipendenti le une dalle altre. In parole più matematiche, le 3 variabili (luminosità assoluta, dispersione delle velocità e raggio effettivo) sono correlate tra loro. Solo nel 1987 fu scoperto che le due leggi di scala appena viste sono in realtà la stessa espressione di una relazione più completa: $L \propto r_e^{\alpha} \sigma^{\beta}$. Invece di una correlazione tra due parametri ne abbiamo una in cui ne sono coinvolti 3.

Se con due parametri la linea "correlatrice" era una retta, in questo caso, con tre parametri abbiamo un piano: il piano fondamentale delle galassie ellittiche (Fig. 5.10).

Le singole relazioni che abbiamo visto continuano ad essere corrette, ma come ipotizzato rappresentano dei casi particolari di questa relazione generale.

La dispersione delle singole leggi di scala è dovuta al fatto che il piano delle galassie è inclinato e a seconda di dove lo osserviamo (quindi a seconda della scelta di una delle due leggi di scala che lo formano) ci appare più o meno sottile.

Il piano fondamentale delle galassie rappresenta un punto di svolta nella conoscenza delle ellittiche: esso ci dice che tutte le galassie di questo tipo sono fatte secondo combinazioni precise di luminosità, dimensioni e dispersione delle velocità delle stelle.

La Natura ha deciso che le galassie ellittiche possono esistere solo in questo modo, tutte raggruppate in questo piano immaginario. Le ragioni di questa "legge" non sono date a sapersi, ne questo è il compito della scienza, che non indaga le motivazioni di un comportamento, ma solo il come avviene.

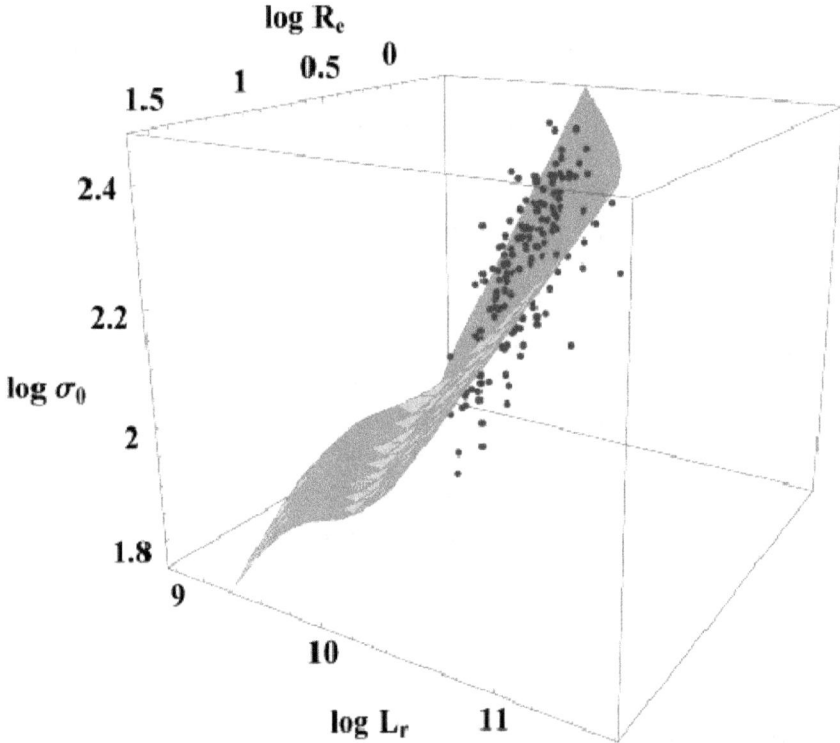

Fig. 5.10: Il piano fondamentale è la relazione fondamentale che lega le quantità delle 2 leggi viste. La correlazione è a 3 parametri: luminosità assoluta, dispersione delle velocità e raggio effettivo. Tutte le ellittiche dell'Universo si trovano in prossimità di un piano e nessun'altra combinazione è possibile. La dispersione è bassa, dell'ordine del 10-15%.

6. Galassie irregolari e peculiari

6.1: La galassia rappresentante della classe delle irregolari è sicuramente M82, detta anche galassia sigaro. Spesso le irregolari sono il frutto dell'interazione gravitazionale, passata o presente, con altre.

A questa categoria appartiene circa il 3% della popolazione galattica finora nota, raggruppando oggetti con forme e dimensioni varie.

Hubble le suddivise in due classi principali: le IrrI sono quelle che mostrano (o sembrano mostrare) una specie di struttura organizzata, come un braccio a spirale; le IrrII sono le irregolari "pure", che non mostrano alcuna somiglianza con le due principali famiglie (ellittiche e spirali). Studi successivi, come accadde per le ellittiche, portarono ad affinare la classificazione e a collocare questi oggetti nella parte destra del ramo delle galassie a spirale, le quali a loro volta vennero divise in altri gruppi, a seconda del numero e dell'avvolgimento dei loro bracci.

Si passò quindi dai quattro tipi di spirale: S0, Sa, Sb, Sc, agli attuali 12, comprese le irregolari: S0, Sa, Sab, Sb, Sbc, Sc, Scd, Sd, Sdm, Sm, Im (vedi pag. 23). Oltre ai sottogruppi intermedi Sab e Sbc, si sono aggiunti i gruppi Sd, Sm, Im (e relativi sottogruppi) che contengono tutte le irregolari precedentemente classificate come tali da Hubble. Gran parte di queste viene assegnata ai gruppi Sd e Sm, dove la m sta per Magellanic, a voler identificare quei tipi simili alla grande Nube di Magellano, satellite della Via Lattea. Le Sd, Sm e Im sono anche dette nane, poiché di dimensioni e massa minori delle altre spirali.

6.1 Caratteristiche

Le caratteristiche principali (chimiche e dinamiche) delle galassie irregolari possono essere riassunte nei seguenti punti:

- Dimensioni generalmente contenute, presentando infatti magnitudini assolute (nella banda blu) comprese tra -13 e -20; a titolo di esempio, le maggiori ellittiche conosciute hanno magnitudini assolute intorno a -25 e le spirali intorno a -21, -22*. Si tratta quindi spesso di oggetti poco luminosi, e di dimensioni ridotte, comprese tra 3000 e 30000 anni luce.
- Masse comprese tra 100 milioni e 10 miliardi di masse solari, minori delle ellittiche (normali e giganti) e delle spirali.
- Colore tende al blu: sono gli oggetti più blu dell'intero Universo. Inoltre, spostandosi verso il centro tendono a diventare ancora più blu. Questo significa che possiedono molte giovani stelle giganti di classe spettrale O-B. Poiché la loro vita è solamente di qualche milione di anni, nelle irregolari c'è uno dei più alti tassi di formazione stellare, che addirittura aumenta nelle regioni centrali.

Nella grande Nube di Magellano si sono osservati giovani ammassi globulari in formazione nelle regioni interne, un evento davvero unico.

L'alto tasso di formazione stellare prevede di conseguenza la:

- Presenza di grandi quantità di gas caldo e soprattutto freddo, che non di rado può costituire oltre il 40% della massa totale. Sotto questo punto di vista, alcune galassie irregolari sembrano essere la prosecuzione del diagramma di classificazione di Hubble, dopo le spirali Sc. Abbiamo visto, infatti, nei capitoli precedenti, come le spirali, da sinistra verso destra (quindi Sa➜Sb➜Sc) siano oggetti tendenti al blu, con una presenza di gas crescente (dal 4% delle Sa al 16% delle Sc), ergo tassi crescenti di formazione stellare.

---

* Dall'energia emessa ogni secondo dal Sole e dalla conoscenza della sua magnitudine assoluta, possiamo trasformare ogni magnitudine assoluta in energia irradiata. Una magnitudine assoluta di -22 implica una differenza con il Sole di 26,8 magnitudini (valore assoluto). Attraverso la relazione $(F_1 / F) = 2,512^{\Delta M}$ scopriamo che l'energia emessa è oltre 50 miliardi di volte quella del Sole. Questo è anche un limite inferiore per la stima della massa. Ci sono almeno 50 miliardi di stelle come il Sole. In realtà questo valore è inferiore di almeno 4 volte rispetto a quello reale.

- Velocità di rotazione massima minore rispetto alle classiche Sa, Sb e Sc, in generale compresa tra 50 e 70 km/s (ancora minore per le Im). Questo punto potrebbe portarci ad affermare che, per la nascita di una struttura a spirale stabile e definita, sia necessaria una velocità maggiore di 100 km/s.

Spesso le galassie irregolari sono il frutto dell'interazione gravitazionale o di un vero e proprio scontro con altri oggetti galattici che ne modificano profondamente la natura. Alcune irregolari, invece, ci appaiono in questo modo per questioni fisiche insite nella loro natura e dinamica, principalmente perché non hanno ancora completato il processo di formazione.

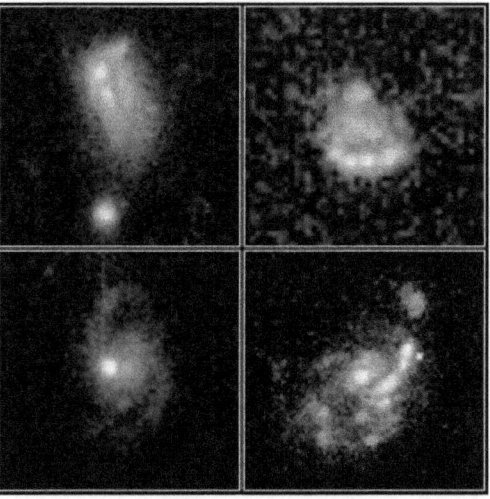

Lo scenario appare quindi piuttosto chiaro: tutte le galassie irregolari sono tali in quanto non possiedono una struttura in equilibrio, perché ancora non hanno raggiunto l'equilibrio dopo la loro formazione, oppure perché alterato dalla presenza di compagne vicine.

Tutte o quasi le galassie sono passate, nel corso della loro storia, attraverso una fase irregolare, sicuramente alla nascita, quando ancora erano delle protogalassie (vedi paragrafo 9.1).

6.2: Le galassie irregolari sono oggetti in cerca di un equilibrio, che troveranno solamente attraverso aggiustamenti della loro forma. Alcune, come le nane satelliti delle grandi galassie, non troveranno mai una forma classica, ovvero a spirale o ellittica. In questi casi non è raro assistere alla comparsa di barre nei loro nuclei, una risposta dinamica alle sollecitazioni gravitazionali da parte della galassia madre.

7. Galassie interagenti

7.1: La coppia di galassie interagenti per eccellenza, NGC4038-4039 dette galassie con le antenne. Si tratta di due spirali in collisione, che presto (qualche milione di anni) formeranno un unico agglomerato, forse un' ellittica gigante. Le collisioni galattiche sono molto diverse dal significato letterale della parola. E' più appropriato parlare di interazione gravitazionale perché questo è ciò che avviene tra le singole stelle.

L'idea che le galassie fossero degli immensi universi isola, nel senso letterale del termine coniato dallo stesso Hubble, fu ben presto rivista poiché si scoprì che esse non passano la loro esistenza isolate dal resto dell'Universo senza interagire, piuttosto il contrario: una percentuale molto elevata si pensa abbia avuto, stia avendo, o avrà delle interazioni con altre, o dei veri e propri scontri. Spesso la loro forma è influenzata e modellata dalle interazioni gravitazionali: secondo le recenti teorie, infatti, si pensa che le ellittiche giganti, che popolano le zone centrali degli ammassi, siano il risultato dello scontro e successiva fusione di due o più galassie. Simulazioni al computer hanno portato effettivamente alla luce che uno scontro tra due grandi galassie a spirale, come Andromeda e la Via Lattea, può dar luogo ad una gigantesca galassia ellittica. Lo scenario a dire la verità non è ancora ben chiaro ma è plausibile che la collisione e la successiva fusione provochi anche un forte incremento dei processi di formazione stellare e non è escluso che il fortissimo vento galattico prodotto dalla successiva e massiccia esplosione delle stelle più giovani come supernovae possa espellere il gas rimasto, conferendo in breve tempo (qualche decina di milioni di anni) alla galassia la tipica colorazione e composizione chimica delle ellittiche. Sebbene si tratti di uno scenario piuttosto affascinante, prima di parlare degli effetti di uno scontro galattico dobbiamo capire come avviene, perché le modalità sono molto diverse rispetto al significato letterale della parola.

7.1 Il significato della parola collisione

In termini astrofisici, la collisione tra due galassie è il caso particolare di quella che viene definita interazione gravitazionale, che in casi particolari può portare a processi di fusione, identificati in lingua inglese come merging.

Come accennato quando abbiamo parlato della galassia di Andromeda (capitolo 2), lo scontro tra due galassie non è un evento così catastrofico come ci si potrebbe aspettare, e il motivo è presto spiegato.

Facciamo un calcolo mentale molto rozzo ma rapido, che serve solo a dare un'idea.

Una galassia a spirale come la Via Lattea contiene qualche centinaio di miliardi di stelle, concentrate principalmente nel disco sottile che ha un diametro tipico di circa 100000 (10^5) anni luce ed uno spessore medio di circa 1000. Si tratta, in effetti, di un volume infinitamente grande, qualcosa come 10^{13} anni luce cubici.

In questo volume immenso si trovano circa 100 miliardi di stelle; se supponiamo (erroneamente) che esse siano distribuite uniformemente, ciò significa una densità di circa 1 stella ogni 100 anni luce.

Ora, il diametro tipico di una stella è dell'ordine di qualche milione di km, 1 miliardo di volte inferiore rispetto alla loro distanza media. Possiamo quindi considerare le stelle come dei punti infinitesimi in una galassia ed è facile immaginare che quando due galassie collidono la probabilità di uno scontro tra due o più stelle sia veramente molto,

molto bassa (dell'ordine di $10^{-7} - 10^{-8}$). Questo calcolo è stato fatto in modo molto approssimato ma il succo non cambia: le galassie sono praticamente vuote ed uno scontro tra di loro non porta allo scontro delle singole componenti (tranne rarissime eccezioni, che confrontate con il numero di stelle possono essere attorno alle $10^4 - 10^5$ collisioni, limitate alle regioni centrali, davvero poche in confronto alle 10^{12} stelle totali!).

L'interazione che si ha nella "collisione" è esclusivamente di tipo gravitazionale, visto che le stelle non collidono e che la collisione tra le grandi nubi di gas (questa molto probabile), a causa della loro bassissima densità non produce alcun effetto rilevante. Durante la collisione quindi, i campi gravitazionali delle singole stelle e del gas interagiranno pesantemente gli uni con gli altri, con conseguenze importanti.

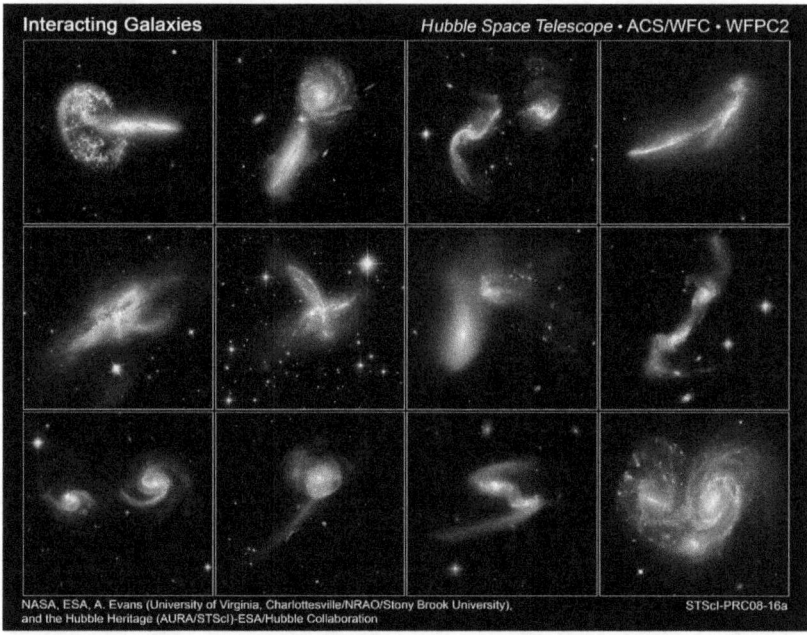

7.2: Alcune spettacolari immagini di galassie in interazione riprese dal telescopio spaziale Hubble. Collisioni e fusioni sono molto frequenti nell'Universo e modellano forma, evoluzione e destino di quasi tutte le galassie. L'interazione può essere a distanza (gravitazionale) oppure si può verificare una vera e propria collisione, la quale porta alla modificazione della forma dei due oggetti, oppure alla loro fusione.

7.2 Frizione dinamica

Appurato il significato astrofisico della parola "collisione", vediamo in che modo si sviluppano le interazioni gravitazionali tra due galassie in attraversamento reciproco, a cominciare proprio dal processo di frizione dinamica (dynamical friction), abbastanza facile da capire.

Consideriamo un corpo celeste sferico, come un ammasso globulare o una piccola galassia satellite, che attraversa il disco di una spirale. Sappiamo già che le collisioni tra le stelle saranno molto rare, ma ci saranno notevoli effetti gravitazionali.

Se la velocità di attraversamento dell'ammasso globulare non è troppo elevata, il suo passaggio tra le stelle si farà sentire attraverso la forza di gravità: mentre passa, esso disturba l'orbita delle stelle vicine, che tenderanno a seguire il suo cammino all'interno della galassia. Ben presto si formerà una vera e propria coda di stelle che seguirà l'ammasso nel suo moto, con una massa sempre maggiore. La massa

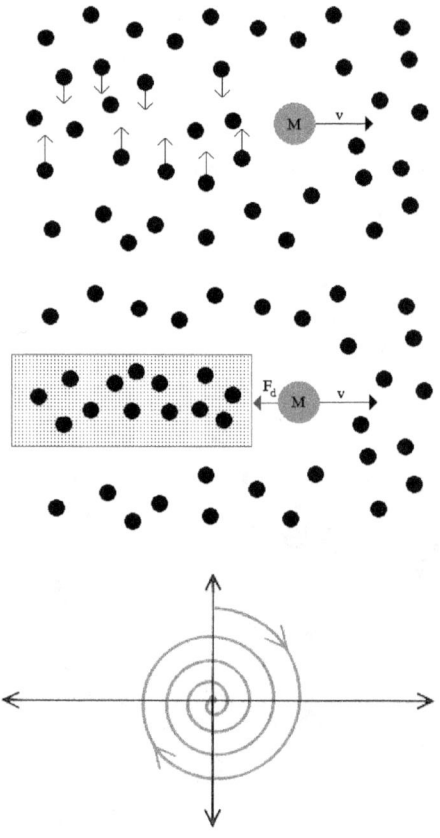

Fig. 7.1: Frizione dinamica. Quando un corpo massiccio e concentrato attraversa lentamente un alone o il disco galattico, la sua forza di gravità convoglia parte della massa dietro di esso. Questa coda a sua volta esercita attrazione sul corpo e lo rallenta. Il risultato netto è un lento moto spiraleggiante del corpo, che lo porta entro qualche rivoluzione a cadere nel centro. Questo effetto è alla base del fenomeno di fagocitazione di piccoli satelliti da parte di grandi galassie. Un destino analogo spetta alle nubi di Magellano, satelliti della Via Lattea.

della coda a sua volta esercita una forza gravitazionale netta ed apprezzabile sull'oggetto compatto in direzione contraria al suo moto. La conseguenza è che la coda di stelle finisce per rallentare l'ammasso globulare e strappargli stelle e gas; in altre parole, esso perde energia cinetica in favore delle altre stelle.

Durante il passaggio del corpo in mezzo alla materia della galassia, il moto orbitale rallenta in modo inesorabile, e la sua orbita assumerà una forma a spirale che lentamente farà precipitare l'ammasso nel centro della galassia (Fig. 7.1).

Il processo di frizione dinamica è di fondamentale importanza quando si analizzano gli incontri tra una galassia e un suo satellite (galassia nana, ammasso globulare, nube di gas), tenendo bene in mente che anche il gigantesco alone di materia oscura che circonda galassie ed ammassi contribuisce attivamente a questo fenomeno.

Poiché tutti gli ammassi globulari si trovano all'interno dell'alone di materia oscura, è possibile che questi oggetti siano destinati a precipitare sulla galassia ed esserne fagocitati? In linea teorica si, poiché il processo di frenamento gravitazionale esiste in quasi tutte le situazioni, solo che la sua intensità varia a seconda della velocità relativa tra i corpi celesti, delle masse e densità in gioco.

Il processo di frizione dinamica, ad esempio, prevede che un tipico ammasso globulare formato da qualche milione di stelle su un'orbita minore di 14 mila anni luce dal centro della galassia di Andromeda sia stato inglobato nelle sue regioni centrali. In effetti le osservazioni telescopiche mostrano la mancanza di questi oggetti in orbite così interne, e d'altra parte confermano che per oggetti su orbite più larghe sono necessarie decine di miliardi di anni affinché il processo di frizione dinamica porti alla loro scomparsa nel nucleo galattico (considerazioni molto simili sono valide anche per la Via Lattea).

Il processo schematizzato è solo un'approssimazione di come la Natura si comporta, ma funziona abbastanza bene in certe situazioni, come ad esempio le interazioni tra galassie satelliti e galassie madri, oltre che per i già considerati ammassi globulari.

7.3 Approssimazione impulsiva

Un altro modello, detto approssimazione impulsiva, prende in analisi gli incontri che avvengono a velocità maggiori, che non riguardano quindi un satellite e la galassia principale. Una situazione tipica è rappresentata dallo scontro tra due galassie animate da forti moti peculiari, ovvero situazioni nelle quali la velocità di avvicinamento dovuta alla forza gravitazionale tra i due oggetti non è l'unica componente della velocità totale delle galassie.

Consideriamo due galassie che si avvicinano tra loro a grande velocità relativa; in questi casi il passaggio dell'una nell'altra è troppo rapido e non permette alle stelle di "adattarsi". Il processo di frizione dinamica non è efficiente e non si ha una coda stellare come nel caso precedente. Non v'è dubbio, però, che l'attraversamento provochi degli importanti effetti gravitazionali.

Poiché il passaggio è veloce, possiamo analizzare l'effetto sulle stelle della galassia come se esse, per un tempo breve, sentissero una forza intensa (gravitazionale) che disturba il loro moto.

Questa analisi è detta approssimazione impulsiva perché le stelle, invece di seguire l'altra galassia nel suo tragitto, è come se venissero colpite come delle palle da biliardo.

In termini fisici si dice che le stelle subiscono un impulso, una forza molto intensa applicata per un tempo estremamente breve. Naturalmente si tratta di un'approssimazione, che però rende bene l'idea e fa emergere le differenze con il fenomeno di frizione dinamica.

Le stelle, invece di seguire in modo ordinato il moto del corpo perturbatore, vengono messe in moto secondo velocità e direzioni casuali (si dice anche, per analogia con un gas, che la galassia si riscalda); in effetti l'energia cinetica (di movimento) delle singole stelle aumenta.

Poiché l'energia si conserva in ogni processo della Natura, l'aumento del moto (disordinato) delle singole stelle, quindi della loro energia cinetica, deve derivare da qualche altra forma di energia.

All'aumento dell'energia cinetica delle stelle, la struttura galattica risponde con un'espansione ed una conseguente diminuzione dell'energia cinetica totale: il moto dell'intero sistema stellare rallenta, la galassia si "raffredda" in favore di un aumento delle velocità (disordinate) delle singole componenti stellari. Ovviamente questo processo vale per entrambi i corpi che partecipano alla collisione.

L'intera struttura galattica può quindi subire profonde modificazioni, sebbene i due corpi non siano necessariamente destinati a fondersi.

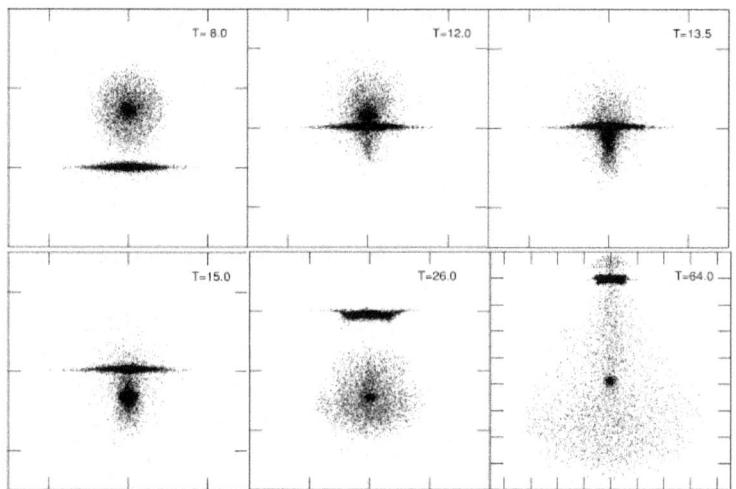

Fig. 7.2: Collisione tra due galassie con grande velocità relativa che interagiscono principalmente attraverso il fenomeno di approssimazione impulsiva. Notate i cambiamenti di forma delle due componenti.

7.4 Collisioni e merging (fusioni)

I processi di frizione dinamica e di approssimazione impulsiva sono solamente i principali e più peculiari eventi che modellano l'interazione gravitazionale tra due galassie, ma non sono certo gli unici. Di fondamentale importanza risultano le forze mareali, soprattutto per giustificare alcune strutture particolarmente spettacolari come le code mareali (immagine 7.1).

In base alle proprietà degli oggetti coinvolti e alla dinamica degli incontri galattici che selezionano il processo predominante, possiamo analizzare più in dettaglio due principali tipologie di collisioni:

- **Interazioni e collisioni a bassa velocità: merging**
  Di questa tipologia fanno parte tutti gli incontri che portano a successive fusioni. Gli scenari possibili sono due:

1) Collisioni tra due corpi con massa molto diversa.

Questa situazione coinvolge piccole galassie satelliti del tutto simili alle Nubi di Magellano, cioè situazioni in cui esse orbitano intorno alla galassia madre o comunque di oggetti legati gravitazionalmente, destinati quindi a fondersi, o anche gli ammassi globulari. In questi casi la collisione avviene in maniera "morbida".

Il processo dominante è la frizione dinamica.

La forza mareale esercitata dall'immensa gravità della galassia madre distorce e allunga la forma del satellite e allo stesso tempo altera l'equilibrio dei gas freddi, portando ad un notevole incremento del processo di formazione stellare.

I confini di questi oggetti diventano mano a mano più netti, perché la galassia madre strappa letteralmente le stelle e il gas orbitante nelle loro parti periferiche. Non è un caso se tutte le galassie satelliti e gli ammassi globulari mostrano confini netti, contrariamente alla situazione ideale di non interazione (Fig. 7.4).

Le orbite di queste galassiette spiraleggiano attorno al centro e mano a mano che vi si avvicinano perdono sempre più energia. L'intensità crescente della forza mareale riesce a strappare diverse stelle e ammassi stellari. Prove di ciò si hanno con il giovane ammasso globulare Palomar 12, nella Via Lattea, che si pensa sia stato strappato dalla grande Nube di Magellano.

La presenza di uno spesso alone di materia oscura accelera il processo di riduzione dell'orbita: la galassia, in poche rotazioni, finisce per essere fagocitata nel nucleo della principale.

Questo è il destino che tra qualche miliardo di anni sarà riservato alle nubi di Magellano, ma si pensa che la nostra Galassia, così come molte altre nel corso della loro vita, abbia fagocitato diverse galassie satelliti e/o ammassi stellari.

La prova (seppur indiretta), nel caso della Via Lattea la si può avere analizzando il moto di parte dell'alone stellare, che avviene in senso retrogrado alla rotazione del disco, e la popolazione degli ammassi globulari, chiaramente divisa in due diverse fasce d'età con stelle contenenti diverse quantità di metalli.

In generale, scontri di questo tipo non alterano in modo significativo la forma e le dimensioni della galassia principale.

2) Collisioni tra due corpi di massa confrontabile.

Questo è il caso più classico di merging tra due galassie di taglia paragonabile, la cui interazione darà vita ad una galassia ellittica.

Molto importanti sono i processi di frizione dinamica e le forze mareali, che hanno molto tempo per modellare le forme galattiche.

Le forze mareali sono del tutto simili, quanto a dinamica (ma non in intensità), alla forza che causa le maree terrestri.

L'estensione nello spazio di qualsiasi oggetto fa si che una parte senta maggiore attrazione gravitazionale dell'altra. La forza gravitazionale differenziale si chiama forza di marea ed è molto importante nelle interazioni tra galassie.

Studi condotti attraverso simulazioni al computer (Fig. 7.3) hanno consentito di teorizzare che questi scontri a bassa velocità portano a delle fusioni in un tempo tipico di qualche centinaio di milioni di anni; spesso il risultato è una galassia ellittica di tipo gigante.

Si pensa, addirittura, che tutte le galassie ellittiche giganti, e gran parte di quelle "normali", si siano formate a seguito della fusione di due o più galassie a spirale. Le prove si sono effettivamente trovate con osservazioni in alta risoluzione delle loro regioni nucleari, che mostrano chiaramente la presenza di due distinti nuclei.

Il processo di fusione o merging è molto complesso e porta alla deformazione di entrambe le componenti, che spesso sviluppano delle lunghe code di gas e stelle, dette code mareali: esse sono in pratica delle strisce di stelle e gas che vengono letteralmente sottratte alla galassia a causa della presenza dell'altra.

Un esempio tipico sono le galassie antenne (vedi immagine 7.1).

La fusione di questi due oggetti, oltre a distorsioni evidenti, produce notevole mescolamento e soprattutto compressione delle grandi quantità di gas freddo contenute nei loro dischi: le due galassie si accendono letteralmente, aumentando il tasso di formazione stellare di decine di volte rispetto alla norma.

Successivamente, le supernovae prodotte dalle grandi e numerose stelle blu ripuliscono l'ambiente galattico dal gas rimasto e la produzione di nuove stelle subisce un forte ridimensionamento.

La nuova forma galattica si è stabilizzata: è ellittica e la popolazione stellare è destinata inesorabilmente ad invecchiare.

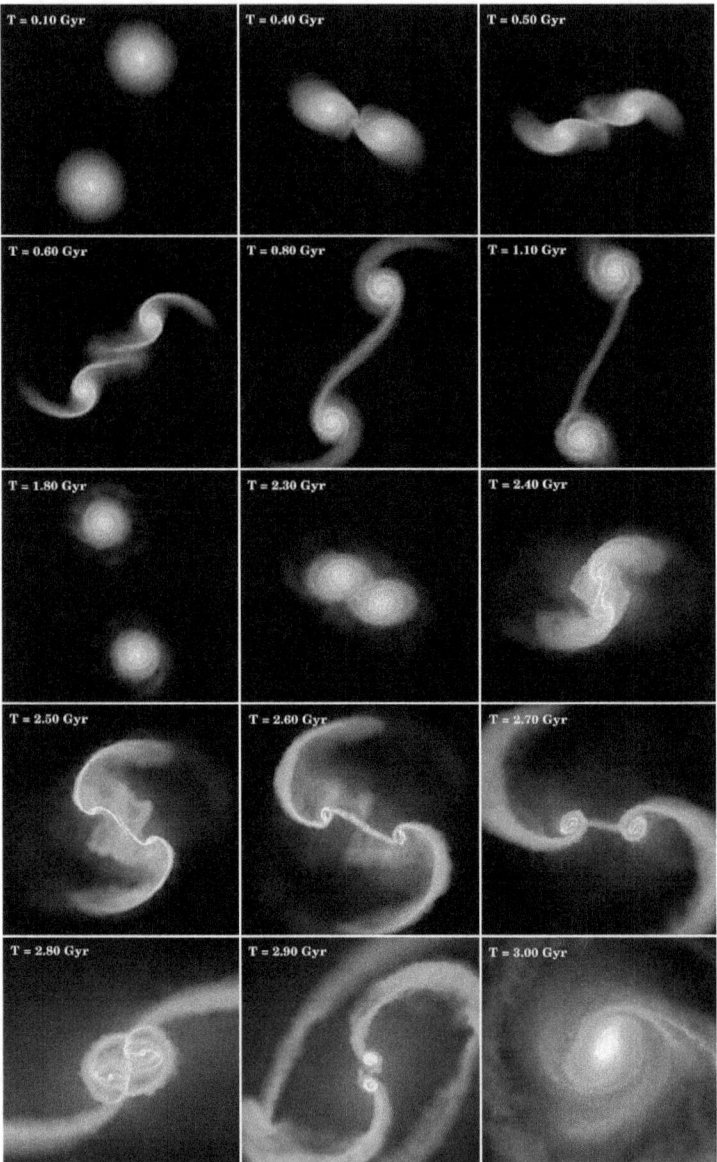

Fig. 7.3 Collisione a bassa velocità e merging di due galassie a spirale di massa simile. Le interazioni a bassa velocità determinano sempre dei merging. Notate i tempi scala, in giga anni, ovvero miliardi di anni.

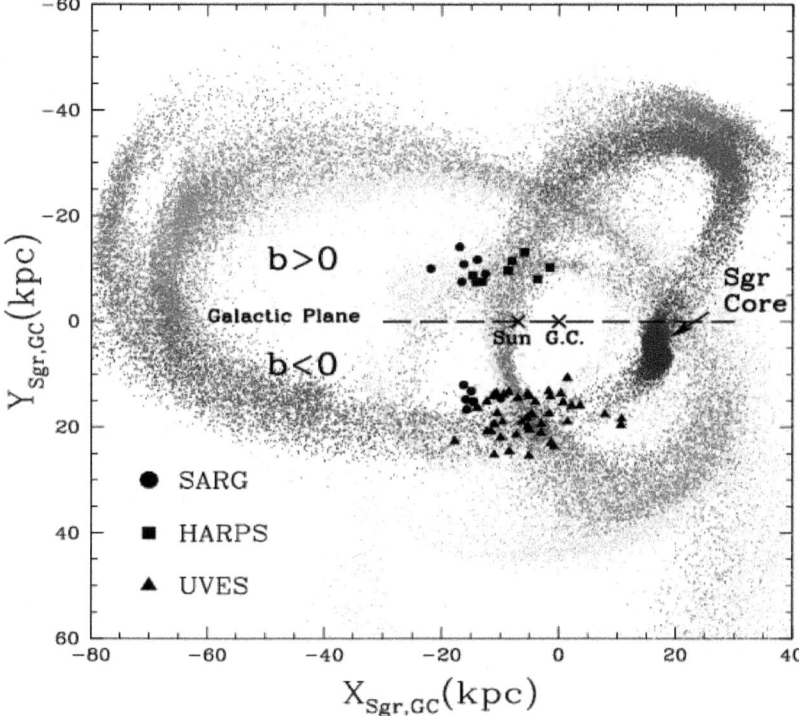

Fig. 7.4: La galassia nana del Sagittario è una delle tante galassie satelliti della Via Lattea in evidente interazione gravitazionale. In questa immagine possiamo osservare la lunga scia di stelle strappate dalla forza mareale della Via Lattea durante uno dei passaggi attraverso il disco sottile. Il processo di frizione dinamica, spiegato nelle pagine precedenti, è predominante in questo tipo di interazioni.
La galassia, un'ellittica nana composta da stelle vecchie con bassa metallicità (popolazione II), compie un'orbita ogni miliardo di anni e si pensa abbia compiuto circa 10 passaggi attraverso le dense regioni del disco della Via Lattea. La forza mareale della nostra galassia sembra essere sul punto di distruggerne l'intera struttura, che appare molto allungata.
Le stelle andranno a popolare l'alone della nostra galassia. Questa piccola ellittica nana possiede 4 ammassi globulari, di cui M54 è il più luminoso, molto più facile da osservare della galassia stessa, oscurata dalle nubi e dalle stelle presenti lungo il disco della Via Lattea. La collisione a basse velocità tra galassie satelliti e madri è un processo piuttosto frequente nell'Universo, ne modella forma ed evoluzione dei corpi coinvolti.

109

- **Interazioni e collisioni ad alta velocità**

  In questa situazione si assiste generalmente ad incontri tra galassie aventi masse comparabili e velocità relative piuttosto alte, da trattare principalmente con il processo di approssimazione impulsiva, che raramente porta alla fusione delle componenti.

  Quando due galassie interagiscono in questo modo le stelle aumentano la loro velocità casuale e la galassia non si trova più in una situazione stabile (in equilibrio) come quella antecedente la collisione.

  Per tornare ad una situazione di equilibrio succedono delle cose abbastanza curiose. Prima di tutto la galassia si espande leggermente. Se ciò non dovesse bastare, non è raro che le componenti stellari più veloci vengano letteralmente espulse dal disco galattico: si dice che la galassia si raffredda per cercare di tornare ad una situazione stabile. Nell'Universo sono stati osservati entrambi i processi, il cui contributo varia a seconda della dinamica dello scontro.

  Simulazioni con potenti computer hanno dimostrato che nel caso di collisioni frontali e ad alta velocità una delle due componenti sviluppa un anello di stelle e gas in espansione, frutto dell'espulsione delle stelle a maggiore velocità (Fig. 7.4).

  Solo nelle galassie ellittiche o lenticolari di tipo S0 sono stati osservati anelli stellari; questo quindi dovrebbe costituire una prova di come tali oggetti rispondono alle collisioni galattiche.

  Gli anelli, spesso polari, si espandono alla velocità di un centinaio di km/s, producendo nuove stelle. La massa del gas contenuto è dell'ordine del miliardo di volte quella solare e sono di colore decisamente tendente al blu. Mano a mano che la loro espansione procede diventano sempre meno densi e il processo di formazione stellare rallenta; dopo qualche centinaio di milioni di anni l'anello si sarà completamente diffuso.

  Le galassie ad anello sono gli oggetti più particolari da osservare. Si pensa che almeno il 5% delle galassie lenticolari (tipo S0) abbia o abbia avuto un anello.

  Se la collisione non è centrale il processo dominante è probabilmente l'interazione mareale; sebbene due galassie possano semplicemente sfiorarsi, gli effetti di un incontro così ravvicinato si fanno sentire molto.

Un tipico esempio è costituito dalla galassia irregolare (o amorfa) M82 (vedi immagine 6.1). La galassia, sebbene non mostri connessioni evidenti di materia luminosa con alcun oggetto, si pensa sia stata notevolmente disturbata dal passaggio ravvicinato della più massiccia M81, con la quale è effettivamente connessa attraverso un ponte di idrogeno neutro visibile con radiotelescopi, distante (attualmente) meno di un centinaio di migliaia di anni luce. La grande massa della vicina M81 ha prodotto una forza mareale notevole che ha alterato l'equilibrio stellare e soprattutto del gas all'interno di M82.

M82 è la galassia che possiede uno dei più alti tassi di formazione stellare, concentrato principalmente nelle regioni nucleari.

La formazione di stelle procede con un ritmo oltre 10 volte superiore a quello della Via Lattea, e così il tasso di esplosione come supernovae, che si pensa sia il responsabile dell'incredibile quantità di idrogeno caldo emessa dalle regioni nucleari.

Questi visti sono solo alcuni degli scenari possibili e non si vuole di certo cercare di spiegare in due pagine ciò che neanche gli scienziati sono riusciti a capire. L'importante è aver ben presente pochi punti fondamentali, che possiamo qui riassumere:

- Definiamo collisione quando una o più galassie si attraversano; definiamo invece interazione quando i loro dischi non si attraversano.

- Gli scontri e le interazioni tra galassie sono molto frequenti nell'Universo.

- Quando due galassie si scontrano interagiscono gravitazionalmente, ma molto raramente le singole stelle collidono.

- Due o più galassie interagiscono anche a distanze notevoli le une dalle altre, soprattutto a causa delle forze mareali, dello stesso tipo di quelle responsabili dell'innalzamento e dell'abbassamento delle acque terrestri. La forza di marea, detta anche forza gravitazionale differenziale, è in grado di strappare lunghe code di stelle e gas e dare vita a strutture curiose (vedi immagine 7.1)

- Le collisioni tra oggetti non legati gravitazionalmente non portano alla loro fusione, ma lo scontro provoca ingenti modificazioni, come la comparsa di anelli attorno alle galassie ellittiche e lenticolari o di bande oscure di polveri. Questo risultato è valido anche nel caso di fusioni con oggetti non troppo massicci.

Cartwheel Galaxy
PR95-02 · ST ScI OPO · January 1995 · K. Borne (ST ScI), NASA

HST · WFPC2
12/23/94 zgl

7.3: La galassia Cartwheel ha subito una collisione ad alta velocità con una delle due galassie a destra, che ne hanno provocato un'alterazione della sua struttura con l'espulsione di un anello di gas che sta formando stelle massicce (blu). La collisione non porta ad una fusione ed il processo dominante è l'approssimazione impulsiva.

- L'interazione tra galassie quindi può essere di tipo mareale, senza che entrino in contatto, oppure un vero e proprio scontro: i due oggetti si attraversano letteralmente e si modificano profondamente in base alla velocità relativa e alla loro massa.
- Quando le velocità relative sono basse, l'interazione può portare ad una collisione e successiva fusione. Questo è in generale valido per tutte le galassie satelliti. In questi casi è la piccola galassietta che ne fa le spese: le forze mareali provocate dalla galassia madre la deformano e comprimono i gas al suo interno, che possono dar origine ad imponenti processi di formazione stellare.

La galassia madre può strappare via ingenti quantità di stelle o addirittura interi ammassi stellari. Dopo poche orbite la galassia satellite sarà completamente sfaldata e ben presto verrà fagocitata.

- Quando la collisione a bassa velocità è tra galassie con masse confrontabili, entrambe sentono il reciproco disturbo gravitazionale: la loro forma si altera sensibilmente, le forze mareali strappano vie lunghe scie di stelle, i nuclei dopo poche rivoluzioni si fonderanno e ciò che ne risulterà sarà molto probabilmente una galassia ellittica che inizialmente avrà un notevole tasso di formazione stellare, ma che poi invecchierà inesorabilmente.

- Le semplici interazioni gravitazionali producono principalmente un notevole aumento del tasso di formazione stellare, come nel caso della galassia M82. Se l'interazione si trasformerà in collisione e successiva fusione dipende dalla velocità relativa delle galassie e dalla loro massa.

7.4 Le galassie barrate

Le interazioni gravitazionali tra galassie sono frequenti nella storia dell'intero Universo.

Ogni galassia che possiamo osservare è il frutto dell'interazione con altri oggetti, che ne hanno modificato e plasmato la forma e le proprietà, in un processo lungo miliardi di anni.

Come vedremo nelle prossime pagine, la formazione delle prime galassie avvenne circa 800 milioni di anni dopo la nascita dell'Universo, ma quegli oggetti primordiali hanno subito un percorso evolutivo che li ha profondamente cambiati.

Le fusioni tra spirali (o ellittiche) di massa comparabile portano quasi sempre alla formazione di ellittiche di grandi dimensioni.

Le interazioni gravitazionali generalmente danno vita a massicci processi di formazione stellare e ad un'alterazione dell'intera struttura galattica, il cui equilibrio viene modificato anche dalla fagocitazione di oggetti con massa minore (galassie nane) da parte di galassie più massicce.

Gli effetti di queste interazioni li abbiamo analizzati in precedenza, ma ve ne sono altri, molto più comuni, che non abbiamo ancora visto.

La formazione di una struttura simile ad una barra che attraversa le regioni nucleari sembra essere la risposta dinamica più frequente quando un disco viene perturbato da oggetti di massa minore, non sufficientemente grandi per alterare la forma complessiva, ma abbastanza massicci per modificare l'equilibrio dell'intera struttura galattica, che spesso si adatta formando una barra.

Le spirali barrate rappresentano circa il 15% dell'intera popolazione stellare, ma non di rado questa particolare caratteristica è presente anche nelle ellittiche o nelle irregolari. Spesso essa risulta del tutto invisibile alle lunghezze d'onda visibili, rivelandosi solamente alle lunghezze radio.

Numerosi studi ipotizzano che circa il 70% dell'intera popolazione galattica possieda almeno tracce di questa struttura a barra.

Non si conosce in realtà il meccanismo esatto di generazione della barra, ma si è abbastanza concordi nell'affermare che essa rappresenta una fase di passaggio per una galassia alla ricerca di un equilibrio che per qualche motivo è stato alterato (interazioni gravitazionali) o non è ancora stato raggiunto (formazione).

Nel capitolo 2 abbiamo visto che la stessa Via Lattea è una spirale barrata (Fig. 2.1).

7.4: Le barre nelle spirali, ma anche in alcune ellittiche e irregolari, sono il segno di una passata alterazione dell'equilibrio della loro struttura. In questa immagine possiamo ammirare la spirale barrata per eccellenza NGC1300, una grand-design di tipo SBb.

8. Quasar e AGN

La parola quasar fu coniata nel secolo scorso, quando si scoprirono delle sorgenti quasi puntiformi, come le stelle, che però avevano uno spettro molto diverso: in emissione, come quello delle galassie, e molto spostato verso il rosso.

L'interpretazione cosmologica del redshift associato (ovvero il redshift misurato è da imputare unicamente all'espansione dell'Universo) li pone a distanze enormi dalla Terra. Secondo questa assunzione, l'energia emessa è pari a quella di 1000 galassie.

I quasar, dall'inglese quasi-stellar object, sono tra gli oggetti più energetici e tuttora misteriosi dell'Universo, fonte di numerose diatribe anche aspre nella comunità astronomica.

Lo spettro di questi oggetti, che contiene forti linee in emissione soprattutto dell'idrogeno, è molto spostato verso il rosso. Se questo spostamento verso il rosso lo imputiamo al redshift cosmologico (ci sono teorie che negano questa ipotesi), ovvero a causa dell'espansione dell'Universo (vedi 1.2), allora scopriamo che tutti i quasar sono estremamente distanti, mai meno di 3 miliardi di anni luce. Le migliaia di sorgenti scoperte appartengono quasi tutte ad una zona di Universo con un'età compresa tra 5 e 12 miliardi di anni.

Questo significa che queste sorgenti estremamente energetiche erano attive miliardi di anni fa ed ora non lo sono più, poiché nelle nostre vicinanze non se ne osservano.

Non esistono quasar a distanze nettamente minori, ne a distanze maggiori: perché? Vedremo tra breve una possibile risposta; prima dobbiamo capire di cosa si tratta e quali sono le loro proprietà.

Fisicamente i quasar sono nuclei estremamente brillanti ed attivi di remote galassie, all'interno dei quali si trovano dei buchi neri di massa miliardi di volte maggiore di quella solare che fagocitano enormi quantità di materia, la quale, spiraleggiando nel buco nero, emette ingenti quantità di energia prima di scomparire per sempre.

I quasar sono quindi i dischi di accrescimento dei buchi neri giganti all'interno delle galassie.

La loro luminosità è così elevata da oscurare la figura galattica, la quale tuttavia è stata osservata con numerosi telescopi professionali.

115

Il quasar più brillante è 3C273 nella costellazione della Vergine, non troppo distante dall'omonimo ammasso (con il quale tuttavia non ha alcuna relazione), di magnitudine 12,8. Dal suo nucleo esce un getto di materia a velocità relativistiche (prossime a quelle della luce), che può essere messo in luce anche con strumentazione amatoriale. Se interpretiamo il redshift associato al suo spettro come di origine cosmologica, questa sorgente quasi puntiforme è distante circa 3 miliardi di anni luce.

Per anni 3C273 è stato l'oggetto più distante raggiungibile con strumentazione amatoriale, ma le cose dopo l'avvento delle camere CCD sono molto cambiate ed adesso è solo il più luminoso dei quasar che possiamo riprendere. Se riusciamo a raggiungere la magnitudine 20, facile anche da cieli mo-

8.1: Un quasar di magnitudine 18,7, distante 12,5 miliardi di anni luce. A causa dell'espansione dell'Universo possiede una velocità di recessione di circa 270000 km/s. Si tratta di uno degli oggetti più lontani alla portata di strumenti amatoriali.

deratamente inquinati da luci, possiamo spingerci fino a distanze di oltre 12 miliardi di anni luce, quando l'Universo era nato da circa 2 miliardi di anni.

Sebbene l'osservazione sia naturalmente priva di dettagli e spesso l'immagine risultante è confusa e rumorosa, vi è un'incredibile emozione nel riprendere ed osservare sul proprio computer l'immagine di un oggetto la cui luce ha attraversato per 12 miliardi di anni gran parte dell'Universo osservabile.

Vale sicuramente la pena indagare, almeno qualitativamente, la natura, la distribuzione e le proprietà di questi particolarissimi oggetti.

I quasar sono una classe particolare di oggetti, facenti parte degli AGN (Active Galactic Nucleii).

Con il termine nuclei galattici attivi si suole identificare genericamente quei nuclei galattici, spesso appartenenti a galassie a spirale, particolarmente brillanti, quindi fonte di enorme energia.

Gli AGN si dividono in due classi, a seconda della loro luminosità assoluta:

- Galassie di Seyfert, i cui nuclei hanno magnitudini assolute minori di $M_V < -23$

- Quasar (QSO = Quasi Stellar Object), con luminosità superiori.

La classificazione non dovrebbe rispecchiare diverse proprietà fisiche, poiché le due classi di oggetti si pensa siano prodotte dagli stessi processi.

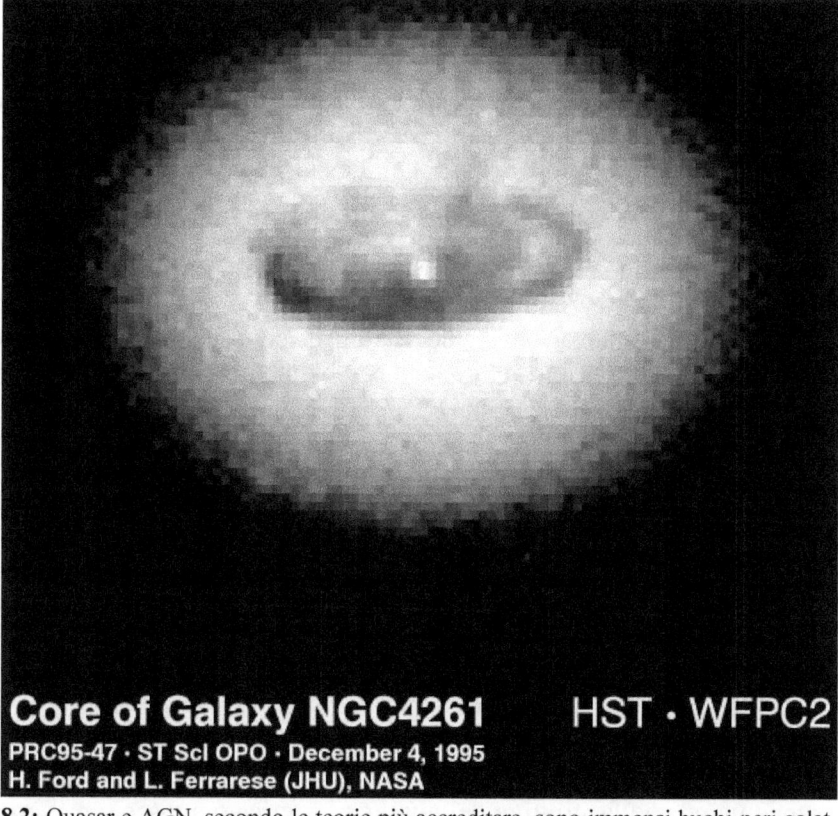

Core of Galaxy NGC4261   **HST · WFPC2**
PRC95-47 · ST ScI OPO · December 4, 1995
H. Ford and L. Ferrarese (JHU), NASA

8.2: Quasar e AGN, secondo le teorie più accreditare, sono immensi buchi neri galattici al centro delle galassie che fagocitano grandi quantità di materia, la quale si dispone su dei dischi, detti dischi di accrescimento. L'efficienza del processo di emissione è circa 200 volte maggiore rispetto alla fusione nucleare nel nucleo delle stelle.

Tutti questi oggetti mostrano degli spettri in emissione: questo significa che sono composti da gas molto caldo, oltre le decine di migliaia di gradi. Non tutti, comunque, mostrano le stesse righe in emissione, e in base a ciò sono stati classificati in 3 categorie (questa volta alla base ci sono quindi comportamenti diversi!):

- Tipo1: Lo spettro presenta righe in emissione sia larghe che strette, sovrapposte ad uno spettro continuo, principalmente nel blu e nell'ultravioletto vicino.
- Tipo2: AGN che presentano solamente righe molto strette.
- LINEAR: Questi AGN presentano sempre righe strette in emissione, ma di specie atomiche a bassa ionizzazione, ovvero a temperature apparentemente minori rispetto agli altri due. (LINEAR significa, in inglese: Low-Ionization Narrow Emission Region = regione di bassa ionizzazione e righe strette).

I differenti tipi corrispondono a luminosità decrescenti, a partire da quelli di Tipo1; quasi tutti sono presenti nelle galassie a spirale o lenticolari.

Molto interessante è capire quanto siano grandi gli AGN, cosa siano e come viene prodotta tutta questa energia.

Senza aver bisogno di chissà quale tipo di conoscenza, applichiamo qualche semplice ragionamento, come abbiamo già fatto in precedenza e come faremo in tutto il volume.

Prima di tutto dobbiamo ottenere dati da analizzare.

Poiché essi appaiono sempre puntiformi, è difficile che delle riprese possano darci qualche informazione utile. Piuttosto, forse è utile analizzare sia il loro spettro, come abbiamo già fatto, che la loro luminosità in funzione del tempo, ovvero costruire una curva di luce per vedere se sono fonti luminose statiche oppure dinamiche. Questa seconda eventualità ci aprirebbe le porte a qualche prima conclusione.

Costruendo le curve di luce, ben presto ci accorgiamo che tutti i quasar presentano delle variazioni anche su scale temporali ridotte, tipicamente di un mese. Questa è una scoperta fondamentale per i nostri scopi. La luce è ciò che viaggia più velocemente nell'Universo; se supponiamo che la struttura del quasar sia sferica o a disco, una variazione di luminosità di un mese pone dei limiti alle dimensioni dell'oggetto, che non potrà essere più grande di un mese luce.

Se consideriamo la variazione di luminosità dovuta a cambiamenti della loro struttura, sulla falsa riga di quanto accade per le stelle variabili pulsanti, è chiaro che se il periodo di variazione è di circa 30 giorni, l'intero AGN o quasar non potrà mai avere dimensioni superiori a quelle che la luce percorrerebbe in questo lasso di tempo, altrimenti le variazioni di luminosità si presenterebbero su tempi scala maggiori.

Le dimensioni luce sono semplicemente il prodotto della velocità della luce nel vuoto per il tempo: visto che la luce è ciò che viaggia più velocemente nell'Universo, qualsiasi altro cambiamento, di tipo gravitazionale o strutturale, potrà compiersi al massimo nel tempo che impiega la luce a percorrere lo stesso spazio.

Le dimensioni luce quindi rappresentano un limite superiore invalicabile alle dimensioni di qualsiasi corpo celeste, determinate dalla relazione: $r = c\Delta t$. In questo specifico caso, le dimensioni luce sono quindi di 1/10 di anno luce, circa 5100 Unità Astronomiche.

Analizzando il moto di stelle vicine a questa sorgente si riesce a capire che in questo spazio piccolo ci devono essere qualcosa come milioni o miliardi di stelle uguali al Sole, portando a delle densità incredibilmente elevate. E' a questo punto che si postula l'esistenza di un gigantesco buco nero, l'unico stato in cui può trovarsi una massa di milioni di volte quella solare concentrata in uno spazio dalle dimensioni simili al Sistema Solare, comprensivo della nube di Oort.

Al centro di tutte le galassie, tranne alcune nane, si possono osservare regioni centrali con queste dimensioni e con una densità così elevata: ogni galassia possiede al suo interno un buco nero.

Come mai alcuni buchi neri appaiono particolarmente brillanti, tanto da venire classificati come quasar e AGN, mentre altri risultano quasi del tutto spenti, come quello che si trova al centro della Via Lattea?

Ovvero, cosa trasforma il buco nero al centro delle galassie in un quasar o un AGN?

I buchi neri sono oggetti invisibili per definizione.

Quando parliamo di osservare un buco nero ci riferiamo all'osservazione della materia che sta per essere fagocitata, nell'attimo prima di scomparire al di la dell'orizzonte degli eventi, la zona oltre la quale nulla, neanche la luce, può più uscire verso l'esterno.

Maggiore è la quantità di materia che spiraleggia attorno al buco nero centrale, maggiore è la luminosità emessa a causa del moto velocissimo e del grande riscaldamento del gas.

La differenza tra galassie "normali" e AGN o quasar, è proprio questa: il buco nero al centro degli AGN e dei quasar fagocita grandissime quantità di materia, mentre quelli al centro di galassie locali presentano un'attività molto bassa.

Secondo questa assunzione, e grazie all'osservazione della distribuzione dei quasar nell'Universo, possiamo dire che esso abbia attraversato una fase nella quale ingenti quantità di materia spiraleggiavano verso il buco nero centrale di ogni galassia (almeno quelle a spirale), emettendo enorme radiazione elettromagnetica. Con il passare del tempo la materia nei pressi della zona centrale si è andata esaurendosi, spegnendo il buco nero e trasformando il quasar in un AGN e poi in un normalissimo nucleo galattico, come quelli presenti nelle vicinanze della Via Lattea e al suo interno.

Si pensa che tutte le galassie, almeno quelle a spirale, abbiano attraversato la fase di quasar prima e quella di AGN poi, fino a spegnersi lentamente alle attuali ere cosmologiche.

Una volta che il nucleo galattico si è spento, proprio come una stella che esaurisce il combustibile che la fa brillare, non si riaccenderà più, se non per brevi tempi e in rare occasioni, quando una stella o parte del suo materiale si troverà nelle vicinanze e ne verrà catturata.

Questa teoria ha trovato solide basi anche nell'osservazione del

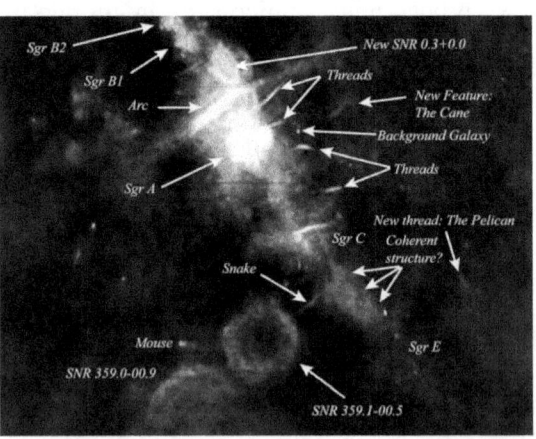

8.3: Sagittarius A è un'intensa sorgente di onde radio e raggi X situata al centro della Via Lattea ed associata al disco di accrescimento di un buco nero di 2 milioni di masse solari.

buco nero al centro della nostra galassia, in una regione denominata Sagittarius A.

Recenti osservazioni hanno messo in evidenza che il buco nero centrale, di circa 2 milioni di masse solari, si è riacceso 300 anni fa per un breve periodo, emettendo ingenti quantità di radiazioni elettromagnetiche (principalmente raggi X), per poi tornare alla sua estrema quiete quotidiana (quando diciamo che un buco nero emette, ci riferiamo sempre all'emissione del suo disco di accrescimento, ovvero del gas che lentamente vi precipita, vedi paragrafo 8.2 per approfondimenti).

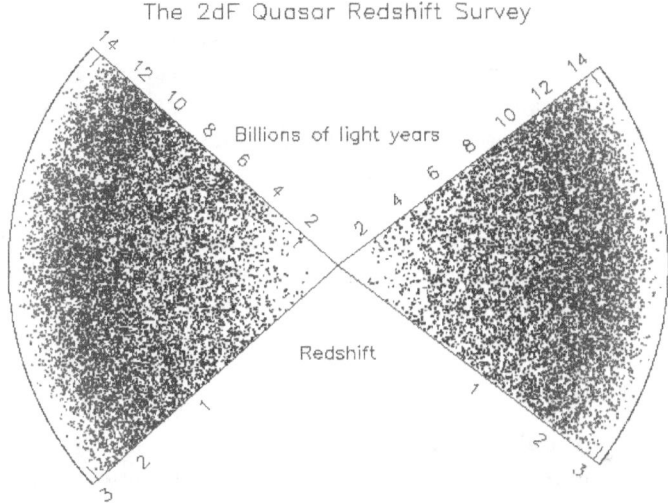

Fig. 8.1: Distribuzione dei quasar nell'Universo in funzione del loro redshift. La scala delle distanze è calibrata secondo la legge di Hubble e per una scelta della costante di Hubble, in questo caso prossima ai 60 km/s/Mpc. A seconda della scelta di un valore per questa costante le distanze possono cambiare notevolmente; meglio riferirci direttamente al redshift che è oggettivo e non cambia. Come si può vedere, non esistono quasar con redshift maggiore di 3, eppure si conoscono galassie con redshift maggiore di 5. Perché questo comportamento?

A prescindere dai diversi tipi di nuclei galattici attivi, lo spettro di queste sorgenti, come abbiamo accennato, presenta forti righe in emissione con evidenti distorsioni. Se ci pensiamo bene, questa è una forte prova che alla base dell'emissione rilevabile c'è il riscaldamento di grandi quantità di materia che si muovono ad elevate velocità.

Uno spettro in emissione, infatti, si ha quando un gas è fortemente riscaldato e non si trova proiettato su uno sfondo luminoso.

Nelle stelle lo spettro presenta righe in assorbimento, dovute al fatto che il gas responsabile dell'assorbimento si trova al di sopra della superficie stellare che emette radiazione. Il gas, più rarefatto e freddo, per contrasto presenta righe in assorbimento.

Se questa fosse la dinamica degli AGN, ovvero presenza di gas rarefatto e più freddo sopra un corpo molto caldo e più denso, vedremmo righe in assorbimento, o al limite di temperature altissime, non noteremmo righe.

Il fatto che osserviamo righe in emissione significa che la radiazione elettromagnetica deriva direttamente dal gas riscaldato e non da una sorgente "sottostante" che non può esistere in quanto il buco nero responsabile di tutto ciò non può emettere radiazione.

La distorsione delle linee è causata dall'effetto doppler causato dalla rotazione del gas attorno al centro. Maggiore è la distorsione e la larghezza delle linee, maggiore è la velocità del gas che orbita attorno al buco nero, maggiore quindi è la radiazione emessa a causa del forte attrito e della perdita di energia per effetti relativistici. La correlazione tra larghezza delle linee ed energia emessa non è quindi casuale.

8.1 Una teoria alternativa per i quasar

Sebbene il modello appena visto dei quasar sia piuttosto soddisfacente, alcune teorie mettono in dubbio l'ipotesi base del nostro discorso, ovvero che i quasar siano buchi neri estremamente attivi al centro delle galassie e che possiedono tutti alto redshift, trovandosi quindi a grandi distanze dalla Via Lattea.

L'astrofisico Halton Arp ha raccolto, nel corso degli anni, numerose immagini e dati che proverebbero l'inconsistenza della teoria standard dei quasar. Secondo il suo team, ci sarebbero prove concrete che il redshift dei quasar non è congruente con la loro posizione reale.

Alcuni quasar con alto redshift sembrano sovrapporsi alle immagini di vicine galassie, altri sembrano provenire direttamente dai loro nuclei, come se fossero stati espulsi. Arp ha compilato un catalogo di galassie

nelle quali l'interpretazione cosmologica del redshift non sembra concordare con quanto si può osservare.
Una delle immagini più sorprendenti è la seguente.

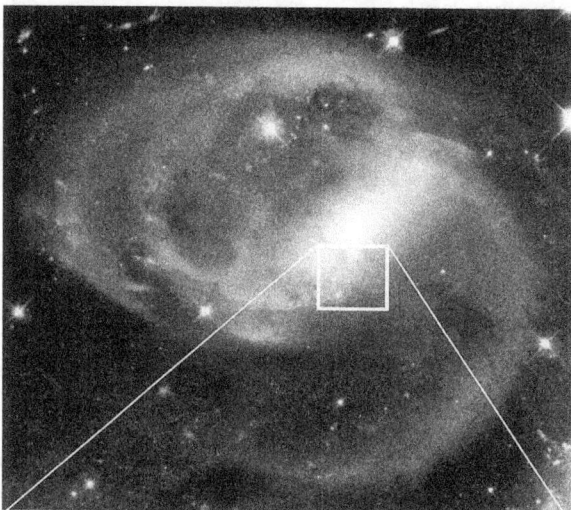

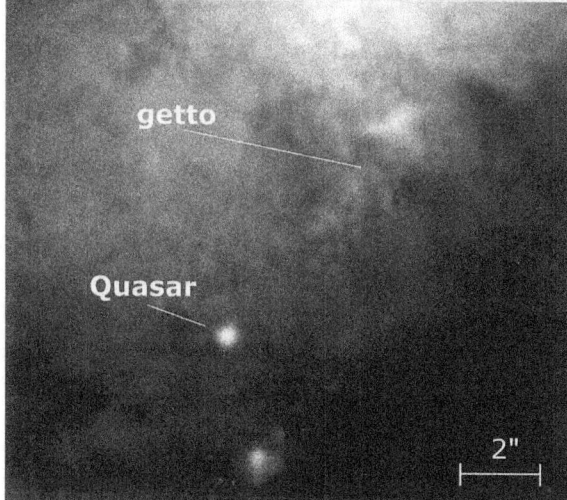

8.4: Questa immagine è una delle prove più forti a sostegno della teoria non cosmologica dei quasar. Nel 2003 uno studente di fisica all'università di Lecce, Pasquale Galianni, scoprì, analizzando alcune immagini riprese dal telescopio spaziale Hubble, un quasar apparentemente sovrapposto ad una delle galassie del quintetto di Stephan. Il redshift del quasar, se interpretato con significato cosmologico, lo colloca miliardi di anni luce oltre la galassia, ma l'immagine sembra mostrare che esso si trovi davanti, e forse sia addirittura collegato alla galassia. Chiarire se questo oggetto e quelli delle prossime figure siano fisicamente collegati alle galassie, o vi si trovino per un mero effetto prospettico, è alla base della validità delle teorie proposte per spiegare il loro comportamento. Purtroppo ottenere dati precisi è di una difficoltà estrema.

Ma ve ne sono altre.

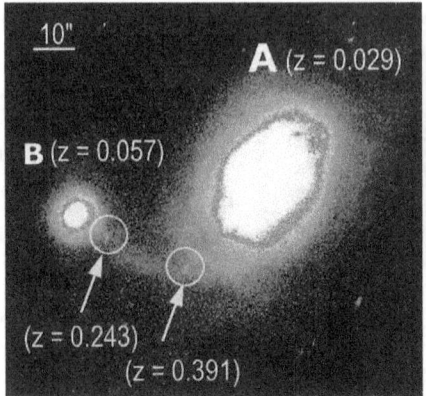 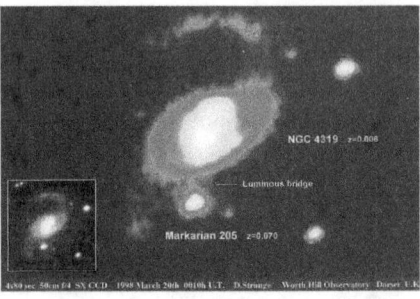

8.5: Altre immagini che mostrano un'apparente connessione tra quasar con alti redshift e galassie molto più vicine. La teoria di Arp afferma che questi oggetti sono espulsi dal nucleo di galassie relativamente vicine a noi e che il redshift a loro associato è un indicatore di età, piuttosto che di distanza.

Alcune immagini, come quelle mostrate sopra, mostrano quasar di alto redshift che sembrano sovrapporsi o essere addirittura connessi con galassie che dovrebbero essere molto più vicine.

I quasar, inoltre, a guardare le immagini, non sembrano associati con il nucleo di alcuna galassia.

La teoria di Arp e del suo team afferma che è un errore interpretare il redshift dei quasar come indicatore di distanza; in altre parole, il redshift osservato non è di origine cosmologica. Secondo questo assunto, la stima delle distanze dei quasar con questo metodo porta a risultati completamente sballati e incongruenti; questo risultato sarebbe confermato dal fatto che tutti i quasar vengono a trovarsi a grandissime distanze, sebbene alcuni di essi sembrano più vicini di alcune galassie.

La grande diatriba tra i sostenitori dell'ipotesi cosmologica e non si gioca tutta sull'analisi delle immagini e sulla loro interpretazione.

I quasar che abbiamo visto nelle immagini precedenti sono davvero connessi alle galassie più vicine, oppure si tratta solo di un mero gioco prospettico?

Il quasar nell'immagine 8.4, scoperto da uno studente italiano di fisica, Pasquale Galianni, è veramente sovrapposto alla galassia ed in qualche modo connesso, o si trova in realtà molto più lontano e solo per una particolare prospettiva ci appare sovrapposto ad essa?

I sostenitori di Arp sono pronti a giurare che questi oggetti appartengono alle galassie e che il loro redshift non indichi la distanza ma sia collegato alla loro età: essi vengono creati all'interno delle galassie e sono poi espulsi.

I sostenitori della teoria "standard" confutano queste ipotesi con alcune prove molto convincenti:

1) dato il grandissimo numero di questi oggetti nel cielo, è ammissibile che una piccola quantità si trovi prospetticamente vicino ad alcune galassie, ma solamente per caso. In effetti, la probabilità che un quasar si trovi prospetticamente accanto ad una galassia più vicina, quindi con diverso redshift, è in accordo con i dati attualmente disponibili.

2) Il fatto che attorno a molti quasar non si veda la galassia ospitante non significa necessariamente che non esista, piuttosto che, data l'enorme distanza, la struttura a disco sia molto difficile da rilevare.

3) L'analisi dello spettro dei quasar mostra segni dell'assorbimento causato dal gas attraversato lungo il tragitto che lo separa dall'osservatore, compatibile con la distanza stimata attraverso l'interpretazione cosmologica del redshift.

4) L'esistenza di questi oggetti solamente in epoche molto lontane, come si ricava dall'interpretazione cosmologica del redshift, viene interpretata come reale e giustificata con il fatto che il buco nero al centro delle galassie ha fagocitato grandi quantità di materia per miliardi di anni, fino a quando non si è esaurita. Esaurita la materia, il buco nero si è placato e il quasar si è spento. Per questo motivo non osserviamo più questi oggetti nelle nostre vicinanze.

5) La teoria sviluppata da Arp propone la creazione di questi oggetti e ammette la creazione di nuove particelle nell'Universo, scontrandosi con il principio di conservazione dell'energia come lo conosciamo.

In questi ultimi anni la teoria alternativa per l'interpretazione dei redshift dei quasar ha perso un po' di credibilità, ma il lavoro di Arp e del suo team resta importantissimo e costituisce la giusta dialettica che dovrebbe accompagnare ogni teoria scientifica.

Solamente con un confronto civile si possono migliorare le nostre conoscenze.

8.2 Qualche chiarimento sui buchi neri

I buchi neri sono oggetti così compatti che neanche la luce riesce a sfuggire dalla loro enorme attrazione gravitazionale.

Possiamo immaginare la luce come un flusso di particelle infinitamente piccole, le quali subiscono, come ogni particella, la forza di gravità di ogni corpo celeste.

In realtà il comportamento della luce è particolare, ma a noi non interessa in questo momento: l'importante è sapere che nulla va più veloce della luce e che anche essa sente la forza di gravità.

La forza gravitazionale prodotta da ogni oggetto obbedisce alla legge classica di Newton, la cui intensità (la forza è un vettore, noi consideriamo solo l'intensità) è data da: $F = \dfrac{GM_1 M_2}{r^2}$ dove G è la costante di gravitazione universale, M_1 la massa del corpo 1, M_2 la massa del corpo due (la forza si misura sempre tra due corpi), ed r la distanza tra i due corpi, o meglio, tra il centro dei due corpi. La formula è valida solamente per corpi a simmetria sferica, ma questa è un'approssimazione che ci possiamo permettere in questo caso.

Quando uno dei due corpi celesti ha una massa molto minore rispetto all'altro, gran parte della forza di gravità è generata dal corpo più massiccio.

Associato ad ogni forza vi è il concetto di campo di forza.

La forza di gravità si misura sempre tra due elementi, ma essa è il risultato dell'interazione di due campi di forza, in questo caso campi gravitazionali, generati dalle singole masse. Possiamo quindi considerare il campo gravitazionale come una proprietà dello spazio generata dalla presenza di una massa, che si manifesta attraverso l'effetto della forza gravitazionale quando un secondo corpo, con un proprio campo gravitazionale, interagisce con il primo. In altre parole, il campo gravitazionale è una proprietà di ogni massa che esiste sempre, ma che si

126

manifesta sottoforma di forza gravitazionale solamente quando interagisce con il campo prodotto da un altro corpo celeste. Non è difficile quindi immaginare il campo gravitazionale come la causa della forza di gravità. Questo discorso vale in generale: la forza tra due corpi (gravitazionale, elettromagnetica, forte, debole) è il risultato dell'interazione dei campi di forza generati dai due oggetti (stelle, pianeti, atomi, elettroni, protoni…).

In termini più precisi, il campo gravitazionale prodotto da ogni corpo celeste è dato dalla forza esercitata su una massa, detta massa di prova, diviso il valore di tale massa. In questo modo il risultato non dipende dalla massa che abbiamo utilizzato e che ci è servita solo per avere una misurazione.

Con questa operazione abbiamo caratterizzato il campo gravitazionale dell'altro corpo, il quale è indipendente da quale oggetto ho usato per misurarlo.

Associato al campo gravitazionale prodotto da ogni corpo celeste c'è il concetto di velocità di fuga.

La velocità di fuga è definita come la velocità minima necessaria ad un secondo corpo affinché riesca a sfuggire dall'attrazione gravitazionale dell'altro, responsabile del campo gravitazionale.

Sulla superficie terrestre la velocità di fuga è di circa 11 km/s: lanciando qualsiasi oggetto a questa velocità, esso si allontanerà indefinitamente dal nostro pianeta, senza mai ricadere. Se lo lanciamo a velocità minori, prima o poi l'oggetto precipita sulla superficie.

La relazione che ci fornisce la velocità di fuga di un corpo dal campo gravitazionale di un altro è la seguente: $v_f = \sqrt{\dfrac{2GM}{r}}$ dove M identifica la massa del corpo celeste di cui dobbiamo calcolare la velocità di fuga. Come possiamo vedere, la massa dell'oggetto che deve uscire dal campo gravitazionale non conta affatto: la velocità resta la stessa se devo lanciare un piccolo sasso o un gigantesco razzo.

Sotto questo punto di vista, possiamo affermare che in un buco nero la velocità di fuga è maggiore o uguale alla velocità della luce, ovvero pari o superiore a 300000 km/s: è questo il motivo per il quale la luce non può uscire in nessun caso da un buco nero.

Poiché la luce è ciò che di più veloce esiste nell'Universo, nulla può uscire da un buco nero, tanto che esso apparirà sempre come una voragine completamente nera nel cielo: dal buco nero non può uscire alcun tipo di informazione.

La zona nei pressi del buco nero, alla quale corrisponde una velocità di fuga pari a quella della luce, si chiama orizzonte degli eventi: ogni corpo celeste o radiazione elettromagnetica che supera questa linea immaginaria viene risucchiato per sempre e non potrà mai più uscire dal buco nero.

L'orizzonte degli eventi non corrisponde necessariamente alla presenza di qualche tipo di materia o superficie solida: è semplicemente un limite oltre il quale nulla può uscire.

Il raggio dell'orizzonte degli eventi è detto raggio di Schwarzschild, dal fisico che per primo ne teorizzò l'esistenza, nel 1916, come soluzione particolare delle equazioni della relatività generale di Einstein. L'esistenza del raggio di Schwarzschild può essere teorizzata anche utilizzando la teoria classica, impostando, nella seconda equazione di Newton per sistemi gravitazionali, la velocità di fuga uguale a quella della luce, e così fu fatto, ad esempio, da Eddington, il quale giunse a questo risultato apparentemente paradossale: un corpo abbastanza denso riuscirebbe a trattenere anche la luce stessa, presentandosi completamente nero ed inaccessibile. Il raggio di Schwarzschild è una quantità che può essere calcolata per ogni oggetto dotato di massa, che non necessariamente si sia trasformato in un buco nero o che abbia le potenzialità per diventarlo.

La relazione che descrive tale raggio è la seguente: $r_S = \dfrac{2GM}{c^2}$, dove

G è la costante di gravitazione universale, M la massa dell'oggetto, c la velocità della luce nel vuoto (una delle costanti della Natura).

Secondo questa definizione, il Sole possiede un raggio di Schwarzschild pari a circa 3 km, la Terra di soli 9 millimetri.

Il raggio di Schwarzschild rappresenta quindi il raggio dell'orizzonte degli eventi di un ipotetico buco nero contenente tutta la massa dell'oggetto considerato.

Chiaramente, come già detto, non c'è alcun collegamento tra il calcolo di questo valore e la reale esistenza del buco nero.

La Terra e il Sole, ad esempio, non diventeranno mai spontaneamente dei buchi neri nel corso della loro storia.

L'orizzonte degli eventi, con un raggio pari al raggio di Schwarzschild, è l'ultima superficie che conosciamo di un buco nero.

Non sappiamo, ne potremmo mai sapere, cosa c'è oltre questa linea, poiché, anche se ci dovessimo entrare, non potremmo in alcun modo comunicare al mondo esterno ciò che vediamo.

Qualsiasi forma di materia o radiazione che varca questa superficie non ne uscirà mai più.

A causa di quanto appena detto, molte persone sono portate a credere che i buchi neri siano dei mostri che risucchiano qualsiasi cosa, ma non è così.

Esistono due tipi di buchi neri: stellari e galattici. I primi si formano dall'esplosione di stelle molto più massicce del Sole; questi oggetti hanno masse comprese tra 3 e 20 masse solari.

La forza di gravità risultante, quindi, sarà esattamente la stessa prodotta da una stella con pari massa: grande, ma non distruttiva, e con esattamente le stesse proprietà.

L'unica differenza è che una stella di 20 masse solari ha un raggio di qualche milione di km, mentre un buco nero di pari massa ha un raggio di una decina di km: il campo gravitazionale a grandi distanze è lo stesso, ma nel caso della stella non possiamo avvicinarci oltre il suo raggio, mentre nel caso del buco nero la massa è molto concentrata e possiamo arrivare ad una distanza di circa 10 km dal centro della sua massa, con la conseguenza che la forza di gravità, in queste regioni, è enorme, tanto da trattenere anche la luce.

Ai fini del moto orbitale, la presenza di una stella o un buco nero non cambia la dinamica dei corpi presenti nel sistema. Se, ad esempio, al posto del Sole si trovasse un buco nero di pari massa, la dinamica di tutti i corpi del Sistema Solare resterebbe la stessa: nulla verrebbe fagocitato se non si avvicina a poche migliaia di km dall'orizzonte degli eventi.

In un certo senso, è più facile che qualche oggetto venga ingoiato dal Sole, il cui diametro è di 1,4 milioni di km, piuttosto che da un buco nero di pari massa, il cui orizzonte degli eventi ha un raggio di appena 3 km!

I buchi neri galattici hanno masse molto superiori, milioni o anche miliardi di volte quella solare, ma le proprietà gravitazionali sono esattamente le stesse di un oggetto di pari massa ma diametro maggiore.

E' molto interessante notare una cosa abbastanza curiosa: se ci trovassimo all'interno dell'orizzonte degli eventi di un buco nero galattico, non ci succederebbe praticamente niente, perché la forza di gravità che sentiamo può essere anche minore di quella terrestre.

Possiamo dimostrare questa affermazione con alcune relazioni fisiche.

La velocità di fuga è data da: $v_f = \sqrt{\dfrac{2GM}{r}}$, l'accelerazione di gravità prodotta da un generico campo gravitazionale generato da un corpo di massa M è: $a = \dfrac{GM}{r^2}$. Come possiamo vedere, la velocità di fuga dipende dalla radice quadrata della distanza, mentre l'accelerazione dal quadrato della distanza dal centro del corpo celeste. E' logico supporre, quindi, esisteranno superfici all'interno dell'orizzonte degli eventi, quindi con velocità di fuga almeno uguale a quella della luce, che sentiranno una forza di gravità tutto sommato debole.

Un buco nero di 1 miliardo di masse solari ha un orizzonte degli eventi dal raggio di circa mezzo anno luce. Se però ci dovessimo trovare proprio all'interno di questa linea, che separa l'Universo esterno da quello interno al buco nero, sentiremmo un'accelerazione di gravità uguale a quella che ogni giorno sperimentiamo sulla superficie terrestre! La velocità di fuga è enorme, nulla può uscire, ma all'interno non c'è un ambiente così estremo come si potrebbe pensare.

Sebbene l'idea dei buchi neri come mostri del cielo che fagocitano ogni cosa sia affascinante, non possiamo dimenticare l'approccio razionale e scientifico che dobbiamo avere quando vogliamo studiare tutti gli oggetti del cielo.

I buchi neri, soprattutto quelli galattici, sono oggetti che fagocitano grandi quantità di materia, ma il motivo non è perché la loro grandissima forza di gravità mangia tutto quello che incontra, anche stelle distanti migliaia di anni luce, ma semplicemente perché c'è della materia che se ne avvicina troppo, esattamente come alcune comete fanno con il Sole, venendone fagocitate.

L'orizzonte degli eventi di un buco nero è scoperto, ovvero non esistono barriere di materia che ne impediscono l'attraversamento, per questo è facile che stelle e gas se ne avvicinino e vengano inghiottite.

All'interno delle densissime regioni centrali delle galassie esiste sempre un buco nero che fagocita materia, in modo più o meno marcato.

Le galassie attive e i quasar sono oggetti i cui buchi neri centrali fagocitano grandissime quantità di materia, mentre nel caso della Via Lattea o Andromeda il buco nero centrale è quasi inattivo.

La presenza dei buchi neri si mette in luce proprio analizzando il gas che essi fagocitano.

Non possiamo vedere la radiazione eventualmente emessa, poiché non riesce a sfuggire dall'orizzonte degli eventi, ma possiamo rilevare l'emissione della materia prima che attraversi l'orizzonte degli eventi.

La caduta di materia all'interno di un buco nero non è simile al lancio di un sasso in uno stagno, ovvero non avviene in modo diretto.

Spesso attorno ad ogni buco nero si forma quello che si chiama disco di accrescimento, ovvero un grande disco di materia che orbita attorno al buco nero centrale.

La densità della materia del disco e la grande accelerazione che subisce, fanno si che essa si scaldi ed emetta grandi quantità di radiazione elettromagnetica. Il processo è terribilmente efficiente, tanto che circa 1/10 della massa del gas viene trasformato in energia, secondo la relazione di Einstein $E = mc^2$, un processo molto più efficiente della fusione nucleare all'interno delle stelle, la quale trasforma in energia solo lo 0,7% della massa degli atomi coinvolti.

Questa emissione di energia rallenta il moto della materia, che lentamente si sposta su un'orbita più interna, spiraleggiando fino a quando non attraversa l'orizzonte degli eventi; a questo punto l'emissione scompare totalmente e non potremmo mai più osservarla.

Un comportamento curioso riguarda la radiazione emessa dal gas che sta per essere inghiottito dall'orizzonte degli eventi. Quando la luce attraversa un forte campo di gravità presenta il fenomeno del redshift gravitazionale. Poiché la radiazione elettromagnetica non è dotata di massa, reagisce alla forza di gravità in questo modo: quando attraversa un campo gravitazionale molto intenso, viene letteralmente "stirata" verso la parte rossa dello spettro elettromagnetico, di una quantità

sempre maggiore fino a quando, in prossimità dell'orizzonte degli e-
venti il redshift diventa infinito e di fatto l'energia che riceviamo si
riduce a zero. Questo comportamento della luce è ben spiegato dalla
teoria della Relatività Generale di Einstein. La larghezza delle righe di
emissione dello spettro elettromagnetico emesso è generata
dall'effetto doppler causato dalla rapida rotazione del gas e dal redshift gravitazionale che subisce la radiazione elettromagnetica posta
nelle parti più interne del disco di accrescimento.
Come abbiamo potuto vedere, quindi, un buco nero fagocita materia
perché essa, mentre vi orbita intorno a distanze molto ravvicinate,
perde energia e rallenta il suo moto a causa dell'elevata densità.
Buchi neri che non possiedono dischi di accrescimento sono totalmente invisibili e possono essere rilevati solamente analizzando le perturbazioni gravitazionali che esercitano su altri corpi celesti.

8.6: Rappresentazione artistica di un buco nero. Non possiamo mai osservare direttamente questi oggetti, ma possiamo ricevere la radiazione elettromagnetica emessa dal
gas che lentamente vi precipita e che da origine ad un gigantesco disco di accrescimento.
Non è esagerato parlare di veri e propri universi, in quanto tutto quello che succede al
loro interno è completamente e perennemente isolato dall'Universo nel quale viviamo.

9. La nascita delle galassie

I processi alla base della formazione delle galassie sono complessi e non ancora ben individuati dalla comunità astronomica.

Lo studio della formazione delle galassie che popolano l'Universo e la loro evoluzione è una delle discipline che in questi anni sta avendo il maggiore sviluppo e la maggiore concentrazione di sforzi.

In queste pagine cercherò di dare solamente i punti importanti e di mettere in luce complessità e successi di questo problema.

Come già fatto, aiutiamoci con i dati in nostro possesso e con una buona dose di logica.

Osservando galassie a diverse distanze, quindi diversi tempi (o ere cosmologiche) ci accorgiamo che il paesaggio che abbiamo davanti è sempre all'incirca lo stesso:

1) L'Universo appare sempre lo stesso in ogni direzione si guardi (a grande scala!). La densità di galassie, su grande scala, è la stessa in ogni punto d'osservazione. Si dice che l'Universo è omogeneo ed isotropo (Fig. 9.1).

2) Guardando più attentamente si nota che tutte le galassie sono raggruppate in ammassi più o meno grandi, i quali fanno parte di strutture su scala ancora maggiore come i superammassi, a loro volta parte di una fitta ragnatela che permea tutto l'Universo, la cosiddetta rete dell'Universo.

   Su larga scala tutte le galassie sembrano essere connesse e raggruppate intorno a sottili linee circondate da enormi volumi di spazio praticamente vuoti (Fig. 9.2).

3) Negli ammassi di galassie si trovano numerose galassie ellittiche, concentrate nel centro. Maggiore è la massa dell'ammasso, maggiore è il numero e le dimensioni delle galassie ellittiche nelle regioni centrali. Le spirali, molto più piccole, sono in numero maggiore ma si trovano tutte nelle periferie, in zone molto meno dense, tranquille e povere di gas caldo e materia oscura.

4) A distanze cosmologiche diverse sono state osservate galassie in formazione, alcune addirittura a distanze relativamente vicine alla Via Lattea: questo è un dato che dimostra come il processo di

formazione sia ancora attivo e non si sia esaurito dopo le prime fasi dell'Universo.

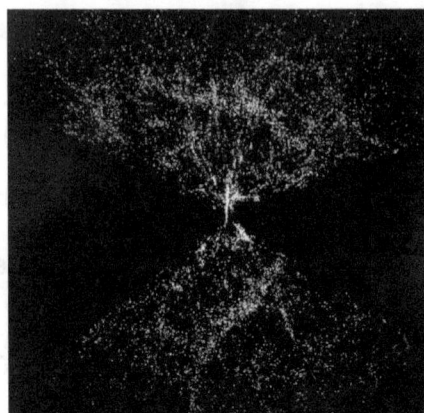 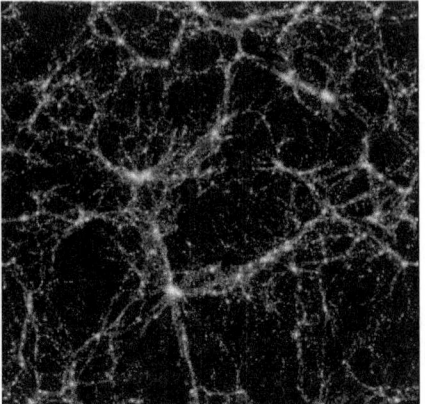

9.1: Distribuzione nell'Universo di alcune galassie conosciute. Ogni puntino dell'immagine rappresenta una galassia. Come possiamo vedere, sembra esistere una struttura, una specie di rete che le collega tra loro, visibile meglio nell'immagine a destra.

9.2: Particolare della distribuzione delle galassie nell'Universo. Le galassie sono raggruppate in ammassi, i quali fanno parte di ammassi di ammassi, ovvero superammassi. La struttura a grande scala dell'Universo è permeata da una fitta rete di collegamenti tra galassie, residuo delle disomogeneità delle fasi successive al Big Bang. Se l'Universo fosse stato completamente omogeneo non si sarebbero mai formate neanche le stelle.

La formazione delle galassie procede nell'Universo anche attualmente, sebbene i meccanismi alla base non siano esattamente gli stessi. Possiamo distinguere tra diversi modi di formazione ed evoluzione:

1) Formazione primordiale, dopo la nascita dell'Universo.
2) Accrescimenti successivi.
3) Formazione ed evoluzione secolare. Abbiamo già visto come le giganti ellittiche che popolano gli ammassi siano generalmente il risultato dello scontro di due o più galassie, spesso a spirale.

Attualmente non è facile capire quale siano le reali proporzioni di questi tre processi, anche perché variabili tra i tipi di galassie.

9.1 La formazione primordiale delle galassie

Sappiamo che l'Universo ha avuto inizio circa 14 miliardi di anni fa (13,7 secondo gli attuali modelli) da una specie di esplosione primordiale, detta Big Bang. Il significato della parola esplosione non è da intendersi letteralmente. Quello che successe in quell'istante nessuno lo sa e forse non si saprà mai. Possiamo considerare il Big Bang come la frantumazione violenta di un atomo primordiale, dal quale si generò tutto l'Universo, compreso lo spazio, il tempo e tutta la materia e radiazione che possiamo osservare oggi.

Per costruire la storia della formazione delle galassie non possiamo non partire da questo punto.

Dopo l'esplosione primordiale, l'Universo ha preso "vita" ed ha cominciato ad espandersi. Per un tempo brevissimo ($10^{-34}\,s$) subito dopo l'esplosione (circa $10^{-35}\,s$ dopo) esso si è espanso con un ritmo esponenziale, aumentando le sue dimensioni di un fattore oscillante tra le 10^{30} e 10^{50} volte. Subito dopo questa brevissima fase, chiamata inflazione, la sua espansione è proceduta a ritmo costante, almeno per qualche miliardo di anni, descritta abbastanza bene dalla costante di Hubble (H_0).

Alla fine della fase inflattiva, l'Universo aveva una temperatura elevatissima ed era formato da radiazione e particelle elementari (elettroni, quark e le relative antiparticelle). Aumentando le dimensioni diminuisce la quantità di energia presente, ovvero la temperatura e cominciano a nascere le prime particelle nucleari, quali i protoni ed i neutroni. 100 secondi dopo il Big Bang l'Universo somiglia molto ad un nucleo stellare; protoni e neutroni si fondono per dare vita a nuclei di Elio.

La cosiddetta nucleosintesi primordiale si esaurisce dopo 3 minuti dal Big Bang, restituendo un ambiente popolato da idrogeno (74% della massa) elio (25%) e tracce di altri composti (deuterio, litio, berillio). La temperatura è ancora elevatissima (qualche milione di gradi) ma in rapida discesa.

Circa 300000 anni dopo il Big Bang, la temperatura è abbastanza bassa da permettere agli elettroni di unirsi ai protoni e ai nuclei di elio e formare i primi atomi. A questo punto la radiazione presente si disaccoppia dalla materia. I fotoni, che fino a quel momento costituivano un mare indistinguibile con le particelle, interagendo con esse (soprattutto con gli elettroni), riescono a sfuggire dalla materia, poiché gli atomi neutri interagiscono molto poco con la radiazione. A questo punto l'Universo diventa trasparente alla sua stessa radiazione, che si diffonde in ogni luogo, seguendo una storia completamente indipendente dalla materia. Questa radiazione, che in gergo astronomico si dice provenire dalla superficie di ultimo scattering, è chiamata anche radiazione cosmica di fondo e rappresenta la prima informazione diretta che i nostri telescopi possono osservare dell'Universo. Non esistono galassie, ne stelle, solamente un mare di atomi e di fotoni che si solo liberati e si diffondono per tutto lo spazio (che è in espansione!).

Osservando la radiazione cosmica di fondo con l'ausilio di potenti radiotelescopi (essa infatti è stata fortemente spostata verso il rosso dall'espansione dell'Universo), possiamo dire molto sulla disposizione della materia a quel tempo.

E' infatti semplice notare che, se fino a 300000 anni dopo il Big Bang radiazione e materia avevano una storia comune, quando la radiazione finalmente si disaccoppia conterrà delle informazioni che appartenevano alla materia stessa fino al momento del disaccoppiamento.

E qui, in questo istante, arrivano le prime sorprese.

Se assumiamo che la forza di gravità sia l'unica responsabile della formazione di ogni oggetto dell'Universo (stelle, galassie, pianeti...) allora ci deve essere un'impronta inconfutabile già nella radiazione cosmica di fondo.

Se l'Universo al tempo della sua nascita fosse stato perfettamente omogeneo, ovvero se l'esplosione fosse stata perfettamente simmetrica, tale da proiettare uguali quantità di energia in ogni punto dello spazio, allora nessuna struttura sarebbe potuta nascere, ne ora ne mai.

Se la densità degli atomi presenti al tempo nel quale la radiazione si è disaccoppiata fosse stata esattamente la stessa, su qualsiasi scala, allora ogni particella avrebbe sentito una forza di gravità risultante nulla. L'Universo sarebbe diventato un mare freddo di atomi.

Le prime osservazioni della radiazione cosmica di fondo mostrarono questo apparente paradosso.

Se abbiamo la possibilità di osservare galassie, o semplicemente di camminare per strada, lo dobbiamo al fatto che "l'esplosione" primordiale non è stata perfettamente omogenea, in modo che nei primissimi istanti di vita si sono prodotte delle piccolissime disomogeneità che hanno permesso alla forza di gravità, nel corso di miliardi di anni, di creare stelle, galassie, pianeti.

Come nel caso già visto dei bracci a spirale delle galassie, basta una piccolissima perturbazione, anche di una parte su 1 milione, per far sì che la gravità abbia la possibilità di agire, di autosostenerla ed amplificarla, fino a dare vita ai bracci di spirale o all'Universo intero, così come lo conosciamo.

Ulteriori osservazioni della radiazione cosmica di fondo hanno mostrato, fortunatamente, che 300000 anni dopo il Big Bang la materia non era disposta in modo perfettamente omogeneo. Sebbene ci fossero disomogeneità dell'ordine di 1 parte su 1 milione, questo valore, diverso da zero, è alla base della formazione di tutto ciò che possiamo osservare.

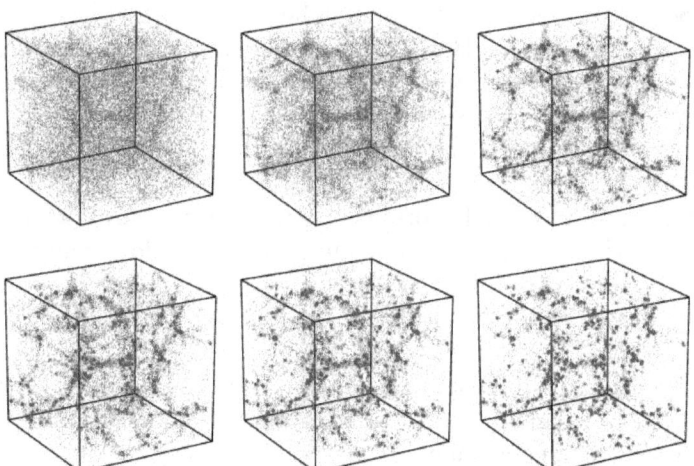

Fig. 9.1: Modello di formazione delle galassie su grande scala. Da piccolissime perturbazioni in temperatura nella radiazione cosmica di fondo, dell'ordine di 1 milionesimo di grado (in alto a sinistra), la forza di gravità ha dato vita, nel tempo, a tutte le strutture che possiamo osservare nell'Universo. Se la radiazione cosmica di fondo non avesse posseduto queste lievissime disuniformità (quindi anche la materia, visto che fino a quel momento materia e radiazione erano accoppiate), non si sarebbe creata alcuna galassia e l'Universo non si sarebbe evoluto affatto.

Bisogna partire quindi da queste piccole disomogeneità per cercare di capire come si sono formate le galassie.

Qualche centinaio di milioni di anni dopo le perturbazioni sono cresciute fino a dare vita a grandi agglomerati di nubi stellari, dalle quali sono nate le prime, gigantesche stelle, chiamate di Popolazione III. Di queste stelle non ne resta (quasi) traccia ma sono responsabili della prima produzione di elementi più pesanti dell'elio (genericamente chiamati metalli in astronomia), che si sono rivelati fondamentali per la nascita delle stelle come le conosciamo oggi e dei pianeti, compresa la vita. L'ingente quantità di radiazione emessa da questi oggetti giganteschi (anche 300 volte più massicci del Sole) e la conseguente esplosione come supernovae, ha prodotto la reionizzazione del gas dell'intero Universo. Il gas, fino a quel momento in gran parte neutro, diventa di nuovo ionizzato, come nelle prime fasi di vita. Questa volta, tuttavia, la densità di materia è troppo bassa per bloccare la radiazione presente e l'Universo resta tutto sommato trasparente.

Le prime galassie, come le conosciamo oggi, si sono formate solamente dopo l'accensione delle prime stelle di Popolazione III, circa 800 milioni di anni dopo il Big Bang, quando la reionizzazione del gas si era conclusa e già erano presenti i primi ingenti aggregati di gas.

Come si forma una galassia? Non è illogico pensare che il meccanismo sia simile a quello che ha dato vita al Sole e ai pianeti o alle stelle, naturalmente su scala molto maggiore.

In effetti, alla base della formazione delle prime strutture galattiche c'è l'accrescimento di ingenti quantità di gas freddo e materia oscura, fino a formare una protogalassia, un oggetto dalla forma non definita che sta ancora accumulando gas e che produce una grande quantità di stelle.

Le perturbazioni microscopiche visibili nella radiazione cosmica di fondo sono cresciute e continueranno a farlo, dando vita agli ammassi di galassie prima ed ai superammassi poi (vedi capitolo 10).

E' plausibile pensare che per prime si formarono strutture più piccole come singole galassie, poi le strutture a più grande estensione, in un processo di tipo "gerarchico" che scandisce le fasi della vita dell'interno Universo.

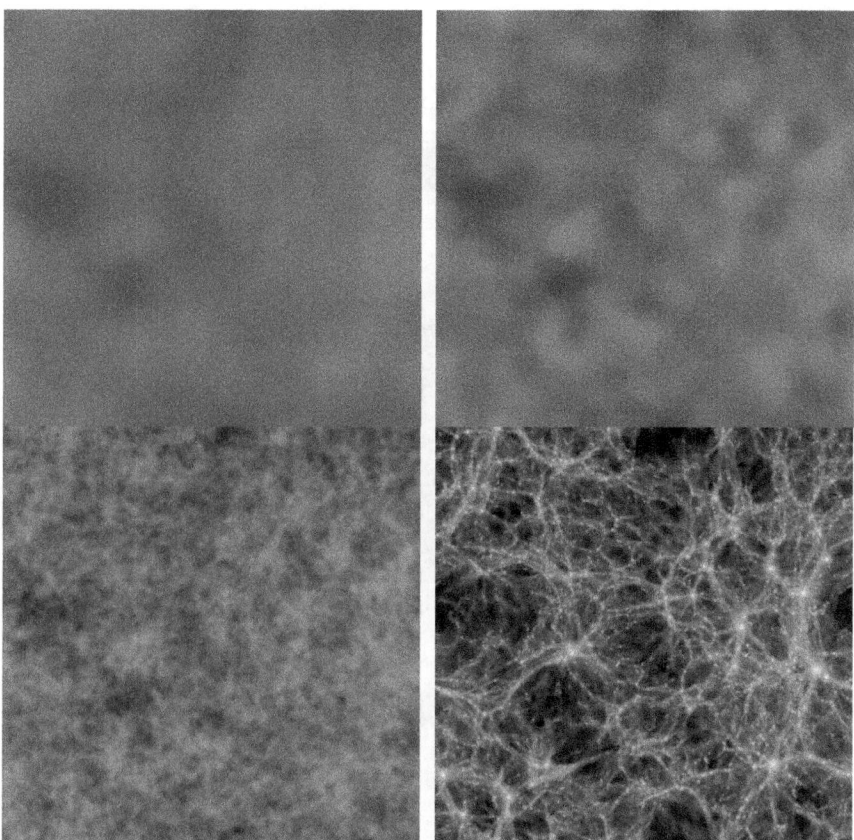

Fig. 9.2: Simulazione temporale di come le perturbazioni infinitesime presenti agli inizi dell'Universo (in alto a sinistra) si siano autoalimentate a causa della forza di gravità, crescendo e dando vita a stelle, galassie e ammassi di galassie (in basso a destra), in un processo gerarchico che prima ha creato strutture a piccola scala: stelle ➔ galassie ➔ ammassi di galassie ➔ superammassi.

Le nubi più piccole collassano su se stesse più velocemente dando vita alla protogalassia, che si accende con le prime, giovani stelle e procede con un tasso di formazione stellare molto elevato. Le protogalassie non hanno ancora raggiunto un equilibrio, per il quale sono richieste decine di milioni di anni.

E' molto probabile che le singole nubi, con massa dell'ordine di quella degli ammassi globulari, si aggreghino e vadano ad aumentare le di-

139

mensioni della protogalassia. La loro rotazione reciproca viene trasferita come momento angolare all'intera struttura galattica, che comincia quindi a ruotare e a schiacciarsi sotto il peso della forza centrifuga.

Le disomogeneità del materiale durante la fase di appiattimento danno vita probabilmente alle instabilità alla base della formazione dei bracci a spirale.

Questi, a grandi linee, i processi che portano alla formazione di una galassia a spirale; cosa dire invece delle ellittiche?

Come è possibile che lo stesso processo possa dare vita a due tipi galattici così diversi?

Analizzando il tasso di formazione stellare nelle ellittiche e nelle spirali, in funzione dell'età, possiamo avere qualche informazione aggiuntiva.

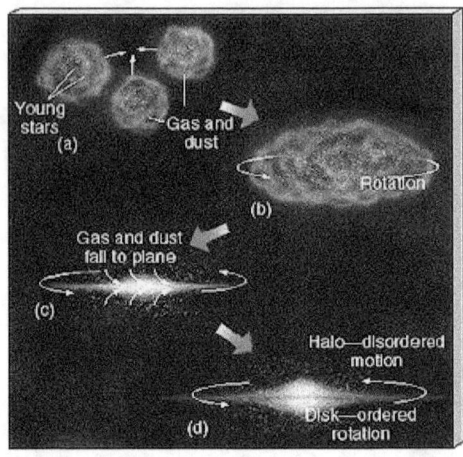

Fig. 9.3: Modello di accrescimento di una galassia a spirare attraverso fusioni di nubi di gas e stelle in rotazione reciproca.

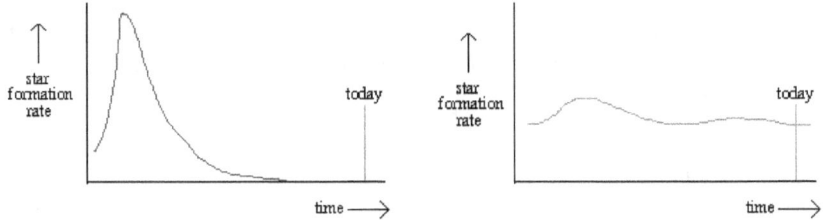

Fig. 9.4: Differenze tra il tasso di formazione stellare di una galassia ellittica, a sinistra, e quello di una spirale, a destra. Durante le fasi di formazione, le galassie ellittiche sperimentano un grandissimo tasso di formazione stellare, che consuma tutto il gas residuo, esaurendosi in poco tempo. Il tasso di formazione stellare delle galassie a spirale procede, invece, in modo costante per tutta la storia della galassia (a destra).

Come possiamo notare, nelle galassie ellittiche la formazione stellare è esplosiva nelle prime fasi della loro formazione, per poi giungere rapidamente a zero. Nelle spirali, dopo un leggero picco iniziale, il tasso resta praticamente costante.

Questa è la grande differenza, messa in luce anche nelle pagine precedenti; il gas di cui sono composte le ellittiche viene utilizzato tutto e subito per produrre nuove stelle, al contrario delle spirali che lo consumano poco alla volta.

Trasformando questo dato osservativo in considerazioni fisiche, possiamo affermare, almeno in prima approssimazione, che tutto dipende dal tasso iniziale di formazione stellare; se esso è elevatissimo, il gas perde momento angolare durante il collasso e si forma un agglomerato sferico, generalmente privo di rotazione globale (ma le singole stelle ruotano, altrimenti la galassia collassa!), destinato ad invecchiare.

Se, al contrario, la formazione della protogalassia a partire da un gruppo di nubi mostra un tasso di formazione stellare contenuto, il momento angolare si conserva e si trasferisce all'intera struttura, a seguito delle unioni delle piccole nubi, conferendole, in breve tempo, un aspetto a disco tipico delle galassie a spirale.

Il processo di formazione primordiale di ogni galassia può essere riassunto nei seguenti punti:

1) Dopo l'era della ricombinazione il gas e la materia oscura cominciano a raggrupparsi.

2) La prima protogalassia si forma generalmente per aggregazione di numerose nubi formate da materia visibile ed oscura. Non ci sono ancora le stelle, o meglio, la quantità di gas è molto più elevata rispetto al numero di stelle presenti.

3) Le molecole del gas (idrogeno ed elio) durante il collasso gravitazionale urtano tra di loro perdendo energia sottoforma di calore. Sebbene ancora nessuna stella (o comunque poche) si sia accesa, la radiazione emessa dal gas riscaldato è abbastanza forte da poter essere osservata, principalmente alle lunghezze d'onda infrarosse. La dissipazione di energia sottoforma di radiazione elettromagnetica accelera il collasso. La materia oscura, al contrario, non interagisce quasi per nulla con quella visibile e tra di essa, mantenendo quindi un'energia maggiore. A questo punto avviene il proces-

so di separazione che possiamo osservare in tutte le galassie. La materia visibile, perdendo energia va a posizionarsi nelle zone centrali; quella oscura rimane confinata in quello che diventerà l'alone galattico.

4) La protogalassia è un agglomerato di materia visibile (nelle zone interne) ed oscura (alone primordiale); la forma ancora non è ben determinata ed il collasso procede, riscaldando il gas visibile.

L'accrescimento di materia prosegue.

5) Il gas interno si riscalda e aumenta di energia; all'interno della protogalassia si formano i primi addensamenti che daranno vita alle prime stelle. Si tratta di gigantesche regioni nebulari

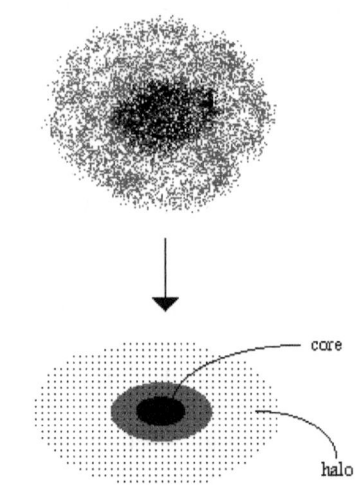

Fig. 9.5: Schema della formazione di una protogalassia, a partire dal collasso di una o più nubi gassose.

che presto, entrando in collisione reciproca, produrranno un'onda di shock che darà inizio ad un massiccio tasso di formazione stellare. In queste nubi gigantesche possono nascere migliaia o decine di migliaia di stelle. La galassia comincia ad accendersi. Le nubi che danno vita alle prime stelle formano degli ammassi, alcuni dei quali resteranno in orbita nell'alone, dando vita agli ammassi globulari che possiamo osservare attualmente.

6) A questo punto l'evoluzione della galassia, che ancora non ha assunto una forma determinata e si sta ancora contraendo, dipende dal tasso di formazione stellare, probabilmente influenzato dalla massa che sta collassando. Nello stesso tempo, altre nubi, generalmente di dimensioni minori, possono essere ancora catturate, sia nello stadio di gas, sia nello stadio di ammassi globulari. Alcu-

ne vengono fagocitate, accrescendo la galassia e modificandone la storia evolutiva, altre restano in orbita nell'alone, arricchendo la popolazione di ammassi globulari.

7) L'accrescimento di materia (nubi molecolari e ammassi globulari già formati, altre protogalassie) termina o subisce una notevole diminuzione. Il tasso di formazione stellare termina o diminuisce e la forma galattica si stabilizza, trovando un equilibrio, che potrà venire alterato solamente dall'interazione con altri oggetti galattici.

8) E' molto difficile che una galassia primordiale resti immutata nel corso dei miliardi di anni. L'Universo a quelle epoche (circa 12-13 miliardi di anni fa) è ancora un ambiente molto piccolo rispetto ad oggi, quindi molto più denso ed affollato. L'interazione tra galassie è un processo fondamentale quanto la loro nascita primordiale, che modifica la forma e crea nuovi oggetti nel corso dell'intera storia dell'Universo. Nelle pagine precedenti abbiamo visto come le collisioni galattiche siano la norma anche nel tempo presente ed in effetti non possono essere trascurate nei processi di formazione ed evoluzione delle galassie.

9.2 L'evoluzione

Dopo la nascita primordiale delle galassie l'Universo non restò affatto statico ed uguale a se stesso. La creazione di nuovi agglomerati stellari è proseguita per miliardi di anni, anche al giorno d'oggi, sebbene in modo leggermente diverso rispetto alle prime fasi. Attualmente la formazione di nuove galassie procede principalmente a causa di collisioni e merging, raramente per collasso di gigantesche nubi gassose, quasi tutte comunque influenzate dal disturbo gravitazionale di qualche altro oggetto.

Le galassie formatesi successivamente alla formazione primordiale generalmente sono aggregati di oggetti più piccoli, di natura stellare, quali gli ammassi globulari, che possiamo considerare alla stregua di nuclei di condensazione, come lo furono i planetesimi per i pianeti del Sistema Solare.

La Via Lattea si pensa essersi formata circa 8,3 miliardi di anni fa, da un processo simile, che ha previsto il collasso di grandi quantità di gas e di stelle (ammassi globulari). Non a caso l'età delle stelle degli ammassi globulari che orbitano intorno all'alone galattico è circa uguale all'età dell'Universo; questo significa che questi oggetti si sono formati durante l'era della ricombinazione, qualche miliardo di anni prima della formazione della nostra Galassia.

Capire quale sia il contributo delle interazioni galattiche, dell'apporto degli ammassi globulari e delle nubi gassose, non è semplice e dipende dal luogo e dal tempo in cui si sono formate le galassie.

Le spirali sono senza dubbio gli oggetti più interessanti ed attivi. Esse possono modificare la foro forma anche senza l'apporto esterno di materia (accrescimento e/o collisioni), attraverso quelli che si chiamano processi secolari, delle modificazioni provocate principalmente dall'azione e dall'evoluzione dei bracci a spirale, che ricordiamo sono delle perturbazioni in densità formatesi probabilmente durante le prime fasi di formazione, conseguenza diretta di asimmetrie nella distribuzione della massa nel disco appena formatosi (vedi 4.3). Queste perturbazioni, sebbene piccole, crescono e vengono continuamente autoalimentate dalla forza di gravità, esattamente come le perturbazioni primordiali nella radiazione cosmica di fondo hanno potuto dar vita a tutte le strutture che osserviamo nell'Universo attuale.

Le galassie ellittiche hanno una struttura molto più statica e raramente subiscono modificazioni intrinseche. Esse sono nate dal collasso di nubi generalmente molto grandi o molto piccole (le nane).

La formazione delle ellittiche procede attualmente ad un ritmo superiore rispetto alle spirali, poiché vengono create dalla collisione e successiva fusione di due o più oggetti, spesso galassie a spirale. Non a caso, le grandi ellittiche che possiamo osservare si trovano in zone fortemente popolate come il centro degli ammassi.

Simulazioni al computer mostrano come due spirali, fondendosi, daranno vita, dopo qualche decina di milioni di anni, ad una galassia ellittica (Fig. 9.6).

Non si comprende ancora a fondo cosa trasformi, durante l'interazione tra due spirali di massa simile, l'oggetto risultante in una galassia ellittica. Alcune teorie attribuiscono la "trasformazione" al lungo e violento processo di merging, in grado di aumentare di decine di volte il tasso di formazione stellare, e ad evidenti limiti di massa che sembrano non essere compatibili con una stabile struttura a disco.

Non è certo un caso se non esistono galassie a spirale giganti, mentre per le ellittiche non sembra esserci alcun limite alla massa che la struttura può supportare.

Questo è il destino che incontreranno la Via Lattea e Andromeda.

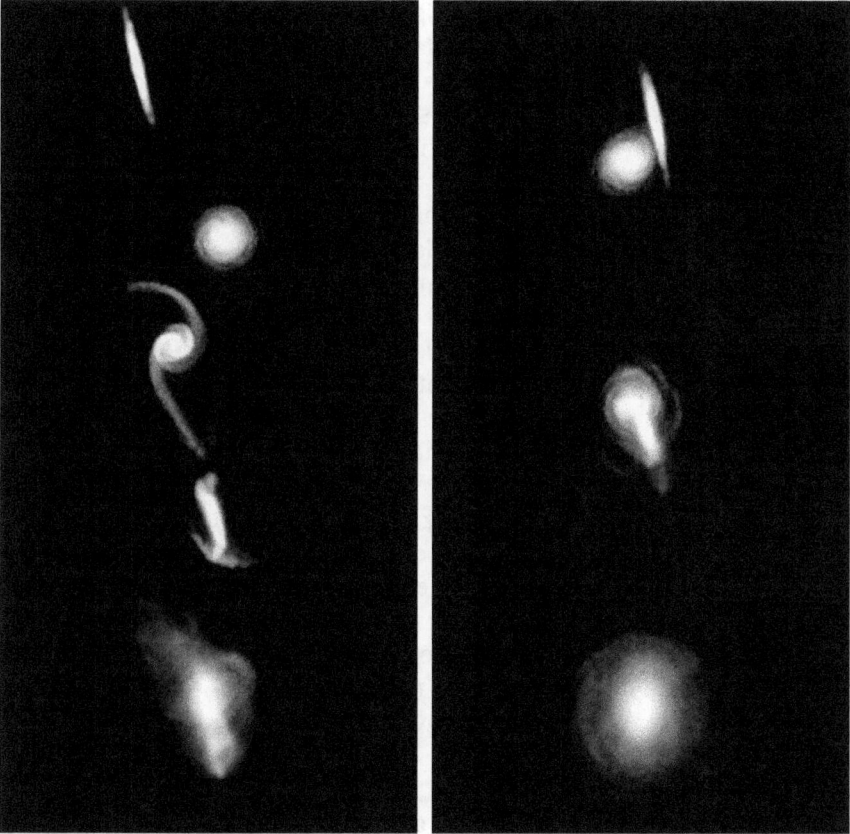

Fig. 9.6: Simulazione, con un potente computer, della collisione e successiva fusione di due galassie a spirale di grossa taglia, come Andromeda e la Via Lattea. La fusione, che si compirà dopo centinaia di milioni di anni, formerà una galassia ellittica. Durante le fasi intermedie, enormi forze mareali produrranno un aumento esponenziale del tasso di formazione di nuove stelle, soprattutto quelle di grande massa.

9.3 La formazione della Via Lattea

La nostra Galassia offre un'occasione unica per studiare da vicino le proprietà di questi oggetti e far luce sulla loro formazione, ancora piuttosto incerta, soprattutto per il contributo che i processi appena analizzati apportano nelle varie epoche dell'Universo.

Come accennato nel paragrafo precedente, la Via Lattea non ha avuto origine dalla generazione primordiale, piuttosto sembra essersi formata qualche miliardo di anni dopo la nascita dell'Universo.

Come facciamo a capire l'età della nostra Galassia?

Essenzialmente studiando le proprietà fisiche e cinematiche delle componenti principali, ovvero le stelle. Abbiamo già visto, nei capitoli precedenti (capitolo 4), che una tipica spirale si suddivide in varie zone: il disco sottile, il disco spesso, l'alone stellare, il bulge e l'alone esterno, composto quasi esclusivamente da materia oscura.

Proprio da questa distinzione e dalle proprietà degli oggetti contenuti (stelle e ammassi stellari), possiamo capire molte cose.

Lo studio dell'età degli ammassi globulari ci dice che essi sono antichissimi, composti di stelle di Popolazione II formatesi subito dopo l'era della ricombinazione, causata all'esplosione massiccia delle prime stelle di Popolazione III (queste restano tuttora ipotesi non suffragate da osservazioni inconfutabili).

Tutti gli ammassi globulari della Via Lattea hanno almeno 10 miliardi di anni di vita. Le ultime osservazioni hanno provveduto ad una classificazione di questi oggetti in due classi, appartenenti a due età diverse. Probabilmente questo è il segno che essi sono stati catturati o si sono formati in loco nelle fasi di formazione della Galassia.

Se analizziamo le stelle del disco sottile, anche le più vecchie, ci accorgiamo che la loro età stimata non è superiore a 8 miliardi di anni; questi oggetti sono quindi più giovani degli ammassi globulari.

Siamo arrivati alla prima conclusione: la Via Lattea, con la struttura che possiamo osservare oggi, si è formata probabilmente in fasi distinte che hanno richiesto miliardi di anni per completarsi.

Sotto questa assunzione, lo scenario plausibile è che essa sia nata per aggregazioni successive di ammassi globulari, grandi nubi gassose e anche piccole galassie.

E' plausibile ipotizzare che inizialmente, nell'Universo ancora molto giovane, nubi di gas e stelle, dalle dimensioni massime di qualche migliaio di anni luce, abbiano cominciato a collassare sotto l'azione della forza di gravità fino a formare un agglomerato informe di stelle e gas (protogalassia) dalle dimensioni di qualche centinaio di migliaia di anni luce (superiori alle attuali).

La rotazione reciproca delle nubi, coadiuvata dall'interazione gravitazionale con altri vicini sistemi, ha trasferito all'intera struttura una notevole quantità di momento angolare, una primordiale rotazione ancora comunque lungi da un'organizzazione.

Il collasso, sotto l'azione della forza di gravità, prosegue, e in questo momento avviene la separazione tra la materia visibile e quella oscura, a causa dei fenomeni dissipativi che coinvolgono la prima (attrito e conseguente emissione di energia).

Le nubi, contenenti qualche milione di masse solari, collassano per prime dando vita a quello che diventerà l'alone stellare. Successivamente, la rotazione e l'interazione delle nubi stesse farà si che gran parte del gas si concentri sul piano di rotazione. La protogalassia comincia ad assumere una forma a disco sempre più sottile.

Grandi quantità di gas sono dirette verso il centro dove si concentra molta massa che darà vita al bulge e al buco nero centrale.

L'alone stellare si è cominciato a formare circa 11,5-12 miliardi di anni fa, come testimonia l'età stimata di alcune stelle poste in queste regioni.

Il disco sottile ed i bracci di spirale hanno richiesto maggiore tempo, tanto che le stelle più vecchie che possiamo osservare hanno un'età di circa 8 miliardi di anni.

Abbiano effettivamente la conferma che il processo di formazione di una galassia richiede miliardi di anni per attuarsi.

Il disco sottile si forma lentamente dalla rotazione della protogalassia, che schiaccia parte del materiale e lo convoglia in questa sottile regione.

La protogalassia è intanto già attiva, con le prime stelle che resteranno confinate nell'alone e nel bulge.

Nel disco sottile appena formatosi, la rotazione è piuttosto ordinata e riesce a regolare la formazione di nuove stelle, che da questo momento in poi procederà ad un ritmo piuttosto regolare.

Perturbazioni causate probabilmente da asimmetrie o dalla massiccia esplosione di supernovae generano delle onde di densità, che crescendo con il tempo daranno vita ai bracci di spirale, fondamentali per stabilizzare la struttura e regolare il tasso di formazione delle stelle.

Proprio dal passaggio di una di queste onde di densità, in grado di perturbare le grandi e fredde nubi molecolari ed innescare un efficiente processo di formazione stellare, 4,6 miliardi di anni fa nacque il Sole e il Sistema Solare, in un ammasso aperto formato da almeno 20-30 stelle e dissoltosi nel corso di un miliardo di anni.

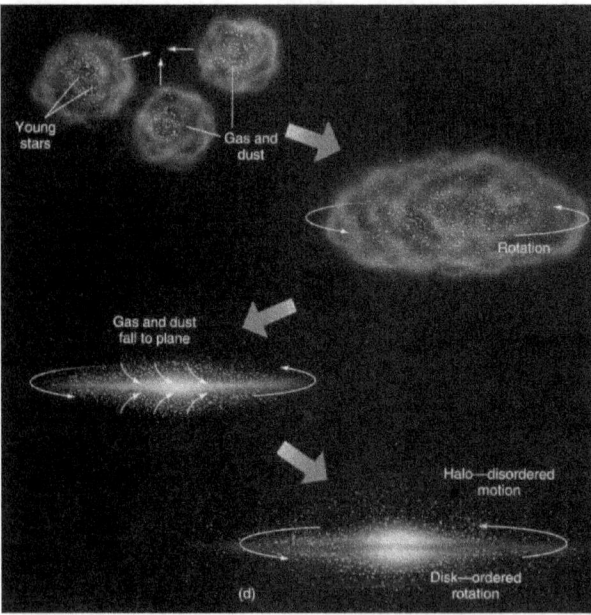

Fig. 9.7: Schematizzazione del processo di formazione della Via Lattea. La nostra galassia non appartiene alla prima generazione, ovvero alle galassie primordiali, poiché le stelle più vecchie contenute nell'alone hanno età di circa 12 miliardi di anni. Il processo di formazione è iniziato quindi almeno 2 miliardi dopo la nascita dell'Universo e si è completato solo 6 miliardi di anni più tardi, quando si sono accese le prime stelle del disco sottile.

Il disco sottile continua ad evolversi e raggiungerà una forma stabile solamente dopo qualche miliardo di anni.

Il processo di formazione della Via Lattea si pensa essere iniziato circa 12 miliardi di anni fa ed essersi completato 8 miliardi di anni fa.

In realtà, la forma e le proprietà del disco sottile continuano ad evolversi nel tempo, tanto che non è possibile dare una data indicativa di quando la nostra galassia abbia smesso di formarsi, semplicemente perché forse non lo ha mai fatto.

Evidenze osservative mostrano come le regioni esterne del disco sottile sembrano essere addirittura ancora in fase di formazione!

Il processo di cattura di nubi e piccole galassie è alla basa della storia evolutiva della Galassia dopo la formazione della struttura principale e dei bracci di spirale.

Attualmente le nubi di Magellano rappresentano l'esempio più evidente, insieme alla galassia nana del Sagittario, del processo di cattura di stelle e gas da parte della Via Lattea. Il cosiddetto Magellanic Stream è un flusso di gas, principalmente idrogeno, che viene strappato continuamente dalle nubi di Magellano da parte della forza gravitazionale della Via Lattea.

Alcuni astronomi pensano che il processo di fagocitazione coinvolga anche alcune stelle ed ammassi stellari, non solo il gas interstellare. Esaminando lo spettro di alcune componenti e addirittura quello di almeno un ammasso globulare ormai appartenenti alla Via Lattea, si sono viste notevoli somiglianze con la popolazione stellare appartenente alle nubi di Magellano, indizio molto forte che probabilmente questi oggetti provenivano dalle due galassie nane.

Quello che accade alla Via Lattea non è naturalmente un caso isolato; esempi di queste interazioni si notano praticamente in ogni galassia, sia ellittica che spirale.

Recenti osservazioni, ad esempio, hanno confermato la natura doppia del nucleo della galassia di Andromeda, a testimonianza che qualcosa di importante è successo nei milioni di anni passati.

Sebbene la nostra Galassia offra un luogo privilegiato per un'osservazione approfondita, la nostra posizione nel mezzo del disco galattico ostacola non poco le ricerche degli astronomi ed impedisce di studiare in modo efficiente le regioni diametralmente opposte alla nostra posizione, tanto che molte galassie satelliti sono state scoperte solo di recente e si pensa che alcune, insieme a qualche ammasso globulare, non siano ancora state scoperte perché nascoste dalle polveri e dal gas interstellare.

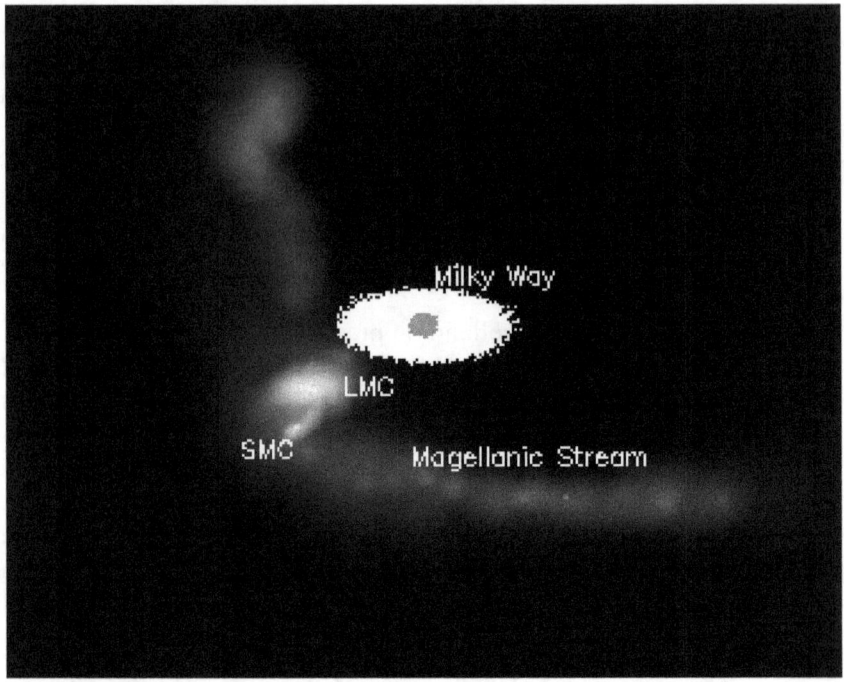

9.3: Il Magellanic Stream è un grande flusso di idrogeno molecolare strappato alle nubi di Magellano da parte della Via Lattea, probabilmente in un incontro ravvicinato circa 300 milioni di anni fa. L'accrescimento continuo di nuova materia è alla base della continua evoluzione delle galassie dell'Universo.

Oltre alle nubi di Magellano, attorno alla Via Lattea orbitano una decina di piccole galassie nane dalla forma irregolare, immerse nell'immenso alone di materia oscura che circonda la nostra galassia.
Le orbite medie di queste galassie satelliti si trovano a distanze di qualche centinaio di migliaia di anni luce dal nucleo, con un aspetto che ricorda da vicino quello di ammassi globulari su scala più grande.
La presenza di queste componenti conferma proprio che il processo di formazione della Via Lattea non si sia ancora concluso e che l'aggregazione di questi oggetti gioca un ruolo fondamentale nella nascita e nello sviluppo di tutte le galassie dell'Universo.

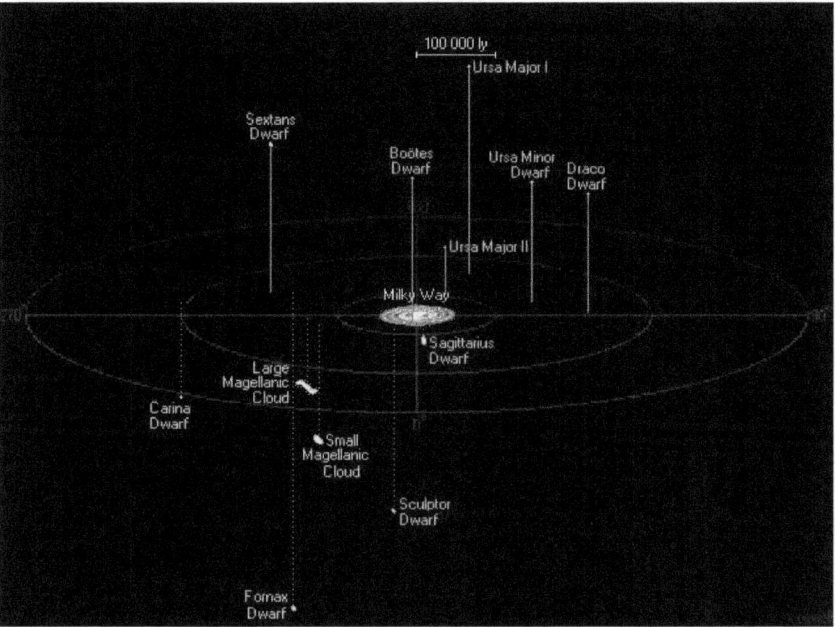

Fig. 9.8: Distribuzione delle galassie satelliti della Via Lattea attualmente conosciute. Molti di questi oggetti forniscono nuovo materiale alla nostra galassia; alcuni sono destinati ad esserne completamente fagocitati. Il processo di formazione, quindi, prosegue anche al giorno d'oggi, sebbene alle nubi ricche di gas si sostituiscono piccole galassie nane ricche anche di stelle.

Come accennato nel capitolo 2, il destino della Galassia sembra abbastanza delineato: tra circa 3 miliardi di anni, forse anche meno, avverrà una gigantesca collisione con Andromeda, la quale porterà alla formazione di una gigantesca galassia ellittica.

La data è chiaramente indicativa, visto che l'interazione avrà inizio ben prima e si concluderà miliardi di anni dopo, tanto che abbiamo visto come le propaggini più esterne, costituite da materia oscura (della quale fa parte anche materia barionica fredda come nubi di idrogeno), stiano già interagendo gravitazionalmente.

Chissà se tra 3 miliardi di anni, quando in Andromeda occuperà gran parte del cielo, ci sarà qualcuno su questo pianeta ad assistere a questo straordinario spettacolo.

151

9.4 Alcune precisazioni sui modelli di formazione delle galassie

La teoria di formazione delle galassie, sia primordiali che non, è, di fatto, ancora una teoria che richiede numerosi studi e verifiche.

I problemi aperti tra la comunità astronomica internazionale e per i quali si stanno concentrando i maggiori studi, sono ancora numerosi. I principali sono:

1)   Tutte le galassie si formano allo stesso modo?

2)   Cosa determina la formazione di una galassia ellittica da una spirale?

3)   La formazione delle galassie è ancora attiva?

4)   Che ruolo gioca la materia oscura?

La teoria enunciata nelle pagine precedenti sembra essere, attualmente, quella più accettata, ma di certo non è quella definitiva in grado di descrivere in modo soddisfacente il comportamento di tutto l'Universo.

Per quanto riguarda i modi di formazione, due sono le ipotesi: condensazione di una nube singola o di più nubi frammentate. E' probabile che il primo processo abbia creato alcune grandi galassie primordiali, mentre il secondo abbia dominato la fase successiva e l'evoluzione degli oggetti già esistenti.

Alcuni studi hanno evidenziato che se la formazione delle galassie fosse avvenuta per aggregazione di nubi frammentate, il processo dovrebbe essere ancora attivo, poiché questo meccanismo prevede tempi scala molto più lunghi rispetto al collasso di una singola nube.

La stessa presenza di ammassi di galassie, le cui componenti sono spesso collegate da ingenti quantità di gas freddo e materia oscura, è un'altra prova di come il processo di formazione per aggregazione abbia dominato, o comunque abbia accompagnato le fasi di formazione primordiale, conclusesi dopo circa 2 miliardi di anni dalla nascita dell'Universo.

Gli astronomi cercano immagini e prove a suffragio di questo scenario. Alcune immagini recenti mostrano anche come il processo possa effettivamente essere ancora attivo, poiché alcuni frammenti di nubi di gas continuano ad aggregarsi. La galassia I Zwicky 18 (immagine 9.4) sembra essere un oggetto molto giovane, di appena 500 milioni di anni, testimonianza, forse, che la generazione di nuove galassie prosegue attraverso il modello degli accrescimenti di nubi.

La ricerca si sta spostando in questi anni nella rilevazione delle nubi molecolari che dovrebbero ancora permeare l'Universo, sebbene la loro osservazione, a causa della bassissima luminosità superficiale, è una delle più grandi sfide che deve affrontare l'astrofisica galattica.

Alcuni teorici ipotizzano che parte della materia oscura sia proprio formata da queste gigantesche nubi, composte principalmente di idrogeno, la cui osservazione è resa quasi impossibile dalla loro bassissima temperatura.

9.4: La Galassia I Zwicky 18 rappresenta una forte prova a sostegno della teoria secondo la quale nuove galassie si formano anche in questa era cosmologica, a suffragio del modello di accrescimento per nubi frammentate. Questa galassia sembra aver cominciato la sua formazione circa 500 milioni di anni fa. Gli astronomi stanno cercando di osservare una fase ancora precedente, ovvero l'inizio del collasso di una o più nubi. A causa della bassissima luminosità di questi oggetti (composti principalmente di gas freddo e poche stelle, offuscate dal gas) è molto difficile osservarli, ma potrebbero essere piuttosto comuni nell'Universo.

153

Il modello di formazione per aggregazioni successive di nubi è chiamato bottom-up, ovvero dal basso all'alto, lo stesso che si presume abbia generato la Via Lattea. Senza questo processo le galassie come la nostra non avrebbero potuto iniziare la loro formazione almeno 2 miliardi dopo il Big Bang, e completarla oltre 6 miliardi di anni dopo la nascita dell'Universo.

Secondo questo scenario, dovrebbero esistere più galassie di piccole dimensioni rispetto alle grandi come Andromeda e la Via Lattea. Anche questa ipotesi è confermata dalle osservazioni: basti pensare che il gruppo locale, l'ammasso di galassie di cui facciamo parte, contiene circa 30 componenti, di cui 27 galassie nane e solamente 3 di dimensioni nettamente superiori, ovvero la Via Lattea, Andromeda ed M33, nella costellazione del Triangolo.

Il processo inverso, chiamato top-down, ovvero dall'alto al basso, prevede che una galassia si formi dal collasso di una singola nube molto più estesa della galassia risultante.

Se la rotazione della nube è scarsa, le stelle si accendono prima che essa assuma, a causa della forza centrifuga, la forma di un disco. La pressione di radiazione delle stelle ferma l'assottigliamento del disco e la galassia risultante sarà un'ellittica. Se, invece, il momento angolare della nube che collassa è elevato, allora il disco sottile si forma prima dell'accensione delle stelle; a seguito dell'esplosione delle prime imponenti supernovae o di eventuali asimmetrie nella distribuzione della materia nel disco, si sviluppano le perturbazioni di densità che danno origine ai bracci di spirale. La struttura a disco autoregola, in qualche modo, la nascita di nuove stelle, che prosegue ad un ritmo costante per miliardi di anni, al contrario delle ellittiche, che raggiungono un picco molto marcato appena dopo la loro formazione, per poi spegnersi letteralmente nel giro di qualche miliardo di anni.

Questo secondo modello si pensa possa aver predominato le prime fasi di vita dell'Universo.

Entrambi i modelli sono accettati dalla comunità scientifica, sostenuti da alcune evidenti prove osservative.

Qualsiasi sia il processo di formazione iniziale, nessuna galassia nasce isolata dalle altre.

Gli ammassi di galassie sono oggetti piuttosto densi legati gravitazionalmente nei quali le singole galassie interagiscono le une con le altre. Le collisioni e i merging (fusioni) sono processi di cui dobbiamo tenere sempre conto quando vogliamo determinare le caratteristiche e le proprietà di questi oggetti: nessuna galassia resta immutata dopo la sua formazione, neanche quelle apparentemente più isolate. La stessa Via Lattea dista da Andromeda, la galassia più vicina, circa 20 volte le sue dimensioni, eppure nella sua storia ha fagocitato numerose galassie satelliti e in un futuro lontano si fonderà con la stessa Andromeda.

Il questo scenario, tuttavia, non si capisce quale sia il contributo della materia oscura, ammettendo che essa esista. Che ruolo gioca nei processi di formazione delle nubi ed eventualmente nella loro frammentazione? Come mai sembra disporsi all'esterno delle galassie, nel gigantesco alone che le circonda e che permea lo spazio degli ammassi? E quanto è importante nei processi di fusione e collisione?

Sicuramente la teoria deve essere raffinata da ulteriori osservazioni; numerose saranno le novità che attendono questo campo dell'astronomia nei prossimi anni.

10. Ammassi di galassie

10.1: Il cuore dell'ammasso di galassie della Vergine, distante 60 milioni di anni luce, dominato dalle ellittiche giganti M84 ed 86. La Via Lattea e il gruppo locale si stanno dirigendo verso di esso (ma non dentro!) alla velocità di circa 200 km/s. L'ammasso della Vergine è composto da circa 3000 galassie e fa parte di un immenso agglomerato, detto super ammasso locale (o superammasso della vergine), che comprende anche la Via Lattea.

Nessuna galassia dell'Universo è talmente isolata da non subire alcuna influenza gravitazionale da parte delle altre.

Nel capitolo 7 abbiamo visto come spesso esse entrino in collisione o addirittura si fondino; abbiamo avuto la prova che questi immensi oggetti interagiscono tra di loro anche in maniera piuttosto violenta.

Alcune galassie dell'Universo sono addirittura legate gravitazionalmente in gruppi più o meno folti, chiamati ammassi di galassie.

Abbiamo già visto come la stessa Via Lattea faccia parte del cosiddetto gruppo locale, composto da circa 30 oggetti sparsi in una sfera dal diametro di 10 milioni di anni luce, dominato insieme con Andromeda: entrambe le galassie sono tra le spirali più grandi che si conoscano e contengono l'80% della massa del sistema.

Gruppi oltre le 50 componenti sono definiti ammassi di galassie.

Gli ammassi di galassie sono a loro volta parte dei cosiddetti super ammassi, concentrazioni che riuniscono, in spazi di oltre 100 milioni di anni luce, gruppi di galassie.

Il super ammasso locale, di cui facciamo parte, è dominato dall'ammasso della Vergine, distante circa 60 milioni di anni luce.

La materia nell'Universo, sotto l'azione della forza di gravità, tende sempre a riunirsi in gruppi, siano essi formati da stelle (gli ammassi stellari, all'interno delle singole galassie) o da galassie.

Nella metà del ventesimo secolo si pensava che, date le enormi distanze, ogni galassia fosse un universo isola a se stante, isolato da ogni altro oggetto; in realtà, questa convinzione era dovuta alle limitazioni dei nostri occhi e della nostra mente, che non riuscivano (e tuttora non riescono!) a vedere e concepire oggetti e spazi così vasti.

La ripresa di un ammasso di galassie è sicuramente spettacolare, poiché in un campo di circa mezzo grado potreste essere in grado di identificare oltre 30 galassiette, in gran parte ellittiche.

Date le dimensioni enormi e le basse densità (circa 1 galassia ogni mezzo milione di anni luce) l'ammasso risulta spettacolare solo se posto a distanze notevoli dall'osservatore.

In effetti, abbiamo già visto il problema del punto di vista: la Terra appare piatta se siamo sulla superficie, la Via Lattea è debole e dalla forma indistinta se vi siamo immersi, così anche un ammasso di galassie non si identifica con facilità se ne facciamo parte o se posto troppo vicino a noi.

L'ammasso più spettacolare da osservare, ed uno dei più grandi conosciuti, è quello della Vergine, sparso in un'area celeste di diverse decine di gradi, al confine tra le costellazioni del Leone e della Vergine, contenente circa 3000 componenti dominate da 3 ellittiche giganti poste nel centro: M84, M86 ed M87. La sua forza di gravità è così intensa che sta attraendo verso di se la stessa Via Lattea, distante oltre 60 milioni di km, alla velocità di 200-300 km/s. Il destino della nostra Galassia e del gruppo locale, comunque, non sembra essere quello di una "caduta" nell'ammasso della Vergine.

Il valore di 200-300 km/s nella direzione dell'ammasso della Vergine è ricavato tenendo conto della velocità di recessione delle galassie dovuta all'espansione dell'Universo; è questo il motivo per il quale la velocità totale tra noi e l'ammasso della Vergine è in allontanamento e pari a circa 1100 km/s, ma se teniamo conto dell'espansione dell'Universo la velocità radiale diventa negativa, quindi in avvicinamento, e pari a circa 200-300 km/s. L'incertezza sul valore deriva dalla difficoltà enorme nel separare il contributo dovuto all'espansione (dato dalla costante di Hubble) da quello peculiare delle galassie e degli ammassi.

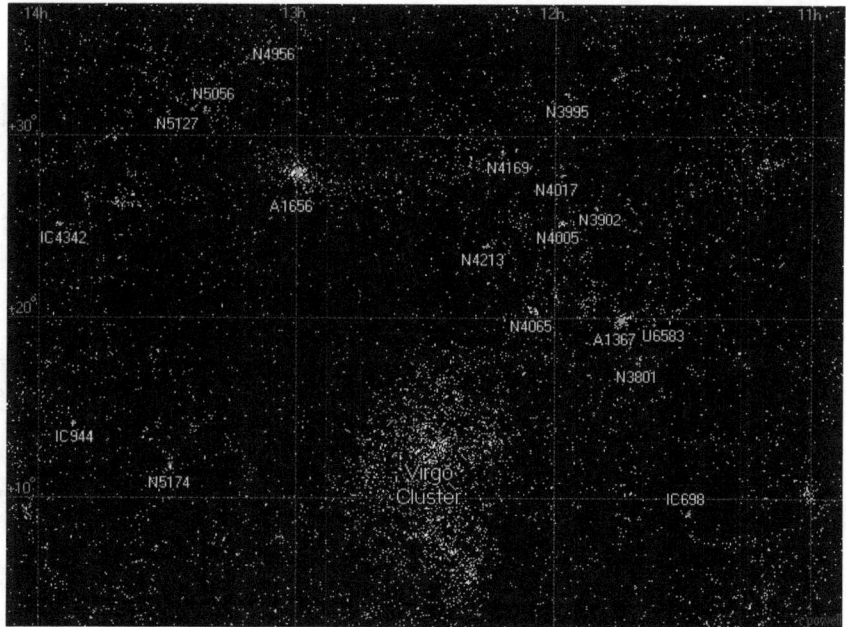

Fig. 10.1: Carta celeste centrata sull'ammasso della Vergine (in basso). Ogni punto corrisponde ad una galassia. In alto possiamo trovare altri ammassi, come Abell1656, l'ammasso della Chioma, più lontano ed in apparenza molto più denso. L'Universo a grande scala è dominato da ammassi e superammassi. A causa della forza di gravità, il cui raggio d'azione è infinito, non esistono oggetti completamente isolati gli uni dagli altri.

Non troppo lontano dall'ammasso della Vergine (ma solo prospetticamente) si trova un altro grande ammasso, quello della Chioma o

Coma, dal nome della costellazione nel quale è proiettato, Coma Berenices, in italiano Chioma di Berenice. Denominato anche Abell 1656, è distante circa 330 milioni di anni luce e contiene un migliaio di componenti; le più brillanti sono galassie ellittiche giganti di magnitudine 13-14, ben entro la portata di qualunque strumento equipaggiato con camere CCD astronomiche.

Data la distanza, esso ci appare molto più concentrato di quello della Vergine, quindi più spettacolare, a patto di effettuare riprese abbastanza profonde.

Gli abitanti dell'emisfero australe possono gettarsi anche dentro l'ammasso della Fornace, a circa 200 milioni di anni luce da noi, contenente solamente un centinaio (o meno) di componenti.

10.2: L'ammasso di galassie della Chioma (Coma cluster) contiene circa 1000 galassie. Il centro è dominato, come spesso accade, da giganti galassie ellittiche.

Alcuni importanti Ammassi di galassie

Ammasso	Distanza (milioni a.l.)	Galassie	Velocità rad.(km/s)
Virgo	70	3000	1150
Pegasus I	230	100	3800
Pisces	235	100	5000
Cancer	280	150	4800
Perseus	340	500	5400
Coma	400	1000	6700
Ursa Major III	465	90	-
Hercules	615	300	10300
Ammasso A	850	400	15800
Centaurus	880	300	-
Ursa Major I	950	300	15400
Leo	1095	300	19500
Ammasso B	1165	300	-
Gemini	1235	200	23300
Corona Borealis	1235	400	21600
Bootes	2300	150	39400
Ursa Major II	2400	200	41000
Hydra II	3530	-	60600

10.1 Proprietà dinamiche e fotometriche

Gli ammassi di galassie devono la loro esistenza alla forza di gravità.
La gravità è una proprietà fondamentale di tutta la materia ed è di gran lunga la forza che regola i meccanismi dell'Universo, fino a giustificare la sua stessa esistenza.

Non è quindi difficile capire come le proprietà dinamiche e cinematiche di tutti i corpi, dai satelliti dei pianeti fino agli ammassi di galassie, siano influenzate unicamente dalla forza gravitazionale.

Possiamo immaginare gli ammassi di galassie, almeno in prima approssimazione, alla stregua delle stelle di un ammasso aperto stellare. Molte delle galassie che compongono un ammasso sono probabilmente nate contemporaneamente, da nubi concentrate in una regione mediamente più densa dell'ambiente circostante.

Alcune galassie, invece, soprattutto nelle attuali ere cosmologiche, possono venire attratte a posteriori da alcuni ammassi nelle vicinanze ed entrarne a farne parte a pieno titolo. L'aggregazione di più ammassi di galassie sembra attualmente il fenomeno che regola la dinamica e l'evoluzione di questi immensi agglomerati cosmici.

Il moto delle galassie all'interno di un ammasso è simile al moto delle stelle all'interno delle galassie ellittiche: disordinato e caotico.

Come impone la legge di gravitazione universale, ogni galassia orbita attorno al centro di massa dell'ammasso, situato, generalmente, nei pressi delle regioni centrali.

In assenza di grandi concentrazioni di massa (tranne rari casi), come invece si verifica per le stelle all'interno delle galassie, il centro di massa degli ammassi è un punto che non coincide necessariamente con alcuna galassia ed è in perenne spostamento.

Il risultato è che tutto l'ammasso, anche le componenti poste al centro, sono in movimento.

Indagando a fondo, si scopre addirittura che le galassie non hanno orbite fisse e quasi circolari come quelle che siamo abituati a vedere.

Il sistema gravitazionale così creato, detto ad n corpi, presenta movimenti non prevedibili dai semplici modelli approssimati che cercano di descrivere le orbite di altri sistemi, come il Sistema Solare e i dischi galattici.

E' più veritiero associare la dinamica di un ammasso di galassie al moto di uno sciame di moscerini sopra un albero o il terreno in prossimità di un forte temporale. Ogni oggetto possiede un moto caotico il cui percorso cambia perché influenzato continuamente dalla posizione reciproca delle altre componenti.

Un tipico ammasso di galassie ha un diametro di circa 8 Mpc (8 milioni di parsec, 26 milioni di anni luce), contiene un migliaio di galassie, principalmente di piccole dimensioni, con velocità orbitali tipiche di 1000 km/s. La separazione media tra due ammassi confinanti è di circa 30 milioni di anni luce.

A questo punto possiamo chiederci: se supponiamo che l'ammasso abbia quasi l'età dell'Universo, i moti delle galassie quanto influiscono sull'intera struttura? In altre parole, come, e soprattutto quanto, si possono essere modificati gli ammassi di galassie dal tempo della loro formazione a seguito dei movimenti orbitali delle galassie?

La domanda è sensata, visto che ogni sistema gravitazionalmente legato subisce modificazioni della forma e struttura a causa proprio dei movimenti orbitali delle componenti, che con il tempo fanno perdere "memoria" delle proprietà e disposizione primordiale, facendo assumere all'ammasso una configurazione modellata dalla gravità (si dice che l'ammasso si rilassa).

Cerchiamo insieme una risposta, seppure approssimata, che ci dia un'idea in merito a questo. Dal tipo di risposta potremmo partire per sviluppare nuove ipotesi sulla loro evoluzione e su altre proprietà.

Per il nostro calcolo approssimato consideriamo i dati medi della popolazione degli ammassi galattici appena visti.

Quale è il tragitto percorso dalle galassie nell'intera durata dell'Universo?

Se consideriamo che l'ammasso abbia 13 miliardi di anni ed una circonferenza di circa 80 milioni di anni luce, scopriamo che una galassia tipica in tutto questo tempo ha percorso circa 43 milioni di anni luce, ovvero non ha compiuto neanche un'orbita attorno al centro di massa dell'ammasso, qui considerato coincidente con il centro stesso.

In astronomia, un corpo celeste che ha compiuto un'orbita (o meno) attorno ad un altro è considerato praticamente immutato rispetto alla sua nascita.

163

In altre parole, un sistema gravitazionale si auto-modifica profondamente solamente dopo che i corpi hanno compiuto decine di orbite.

Non è quindi esagerato affermare che, sebbene sede dei moti più imponenti dell'intero universo, gli ammassi di galassie contengono ancora molte informazioni su quella che è stata la loro formazione, proprio perché il moto e l'interazione gravitazionale non hanno avuto ancora abbastanza tempo per modificare radicalmente le loro caratteristiche iniziali. Addirittura non sarebbe esagerato affermare che probabilmente anche gli ammassi a noi più vicini, quindi più antichi, non hanno ancora terminato la fase della loro formazione.

Il calcolo eseguito è, naturalmente, un'approssimazione per affermare più correttamente che ad un ammasso servono miliardi di anni per modificare in modo evidente la propria struttura, e che molti processi gravitazionali che modellano profondamente le proprietà di gruppi di corpi non hanno ancora avuto il tempo di completarsi, ne, forse, lo avranno mai (ad esempio tutti i processi legati alla mutua interazione gravitazionale di un sistema composto da n corpi, come accade invece per gli ammassi stellari aperti e globulari). Possiamo dire che l'ammasso, sotto questo punto di vista, conserva ancora dentro di se memoria della dinamica e delle proprietà dell'Universo al tempo della sua formazione, delle informazioni importantissime per tutti i cosmologi impegnati a ricostruire l'evoluzione e le caratteristiche dell'Universo.

A seguito delle grandi velocità necessarie per lasciare un ammasso, e dei tempi lunghissimi per completare delle orbite, tutto o quasi il materiale resta confinato nell'ammasso stesso; non è esagerato parlare di un ammasso di galassie come un sistema semi-chiuso, nel quale gran parte della materia generata resta confinata per sempre.

Utilizzando questa preziosa proprietà, gli ammassi diventano dei laboratori unici per studiare l'evoluzione dell'Universo dai tempi della sua formazione, soprattutto per quanto riguarda il processo di nucleosintesi degli elementi più pesanti dell'elio. L'analisi del gas intergalattico presente negli ammassi di galassie permette infatti di determinare in modo piuttosto preciso le quantità degli elementi presenti e costituire un ottimo punto di riferimento per le teorie cosmologiche in merito alla nascita e all'evoluzione dell'Universo stesso.

Se tutta la materia restasse davvero confinata nell'ammasso, allora indagando le regioni intergalattiche dovremmo essere in grado di avere ulteriori risposte.

A questo proposito, cerchiamo di immaginare lo scenario che si prospetta, a partire dagli instanti successivi l'aggregazione dell'ammasso. Possiamo supporre che le esplosioni delle miliardi di stelle (supernovae) contenute nelle galassie, nel corso dei miliardi di anni abbiano generato enormi quantità di gas, che è andato ad arricchire gli ambienti extragalattici; la forza di gravità ha poi concentrato questo gas nelle regioni centrali degli ammassi. Se questa ipotesi fosse corretta, ci dovremmo aspettare ingenti quantità di gas estremamente caldo permeare le regioni interne degli ammassi. Le osservazioni confermano questa nostra ipotesi: negli ammassi galattici, soprattutto nelle zone centrali, esiste una grande quantità di gas estremamente rarefatto e caldissimo, con temperature comprese tra 50 e 200 milioni di gradi (Kelvin o Celtius, con questi numeri fa poca differenza).

10.3: Distribuzione del gas all'interno degli ammassi di galassie. Principalmente idrogeno ionizzato espulso dalle miliardi di supernovae esplose, il gas ha una temperatura compresa tra qualche decina e qualche centinaio di milioni di gradi e nonostante la bassissima densità ha una massa paragonabile a quella della materia visibile nelle galassie.

165

Sebbene la densità del gas intergalattico sia piuttosto bassa, il grande volume occupato fa si che la quantità presente nel centro di un ammasso sia paragonabile, se non superiore, alla massa visibile delle galassie che vi si trovano immerse.

Il gas è composto principalmente da idrogeno ionizzato, che emette radiazione principalmente nella regione X dello spettro elettromagnetico. Il processo implicato in questo tipo di emissione si chiama bremsstrahlung, termine tedesco che in italiano può essere tradotto con radiazione di frenamento, tipica di gas estremamente caldo e rarefatto.

Il principio alla base della radiazione di frenamento è facile da comprendere.

La temperatura di un gas rarefatto è direttamente collegata al movimento casuale degli atomi, o delle molecole, che lo compongono. In questi casi si parla di temperatura cinetica.

Quello che effettivamente succede è che la temperatura regola il moto delle particelle del gas: maggiore è la temperatura, maggiori saranno i moti (disordinati) delle singole particelle.

Quando un gas ha una temperatura elevatissima, i moti delle particelle sono così violenti da rompere eventuali legami chimici.

Una temperatura superiore ai 2000 K è sufficiente per rompere ed impedire la for-

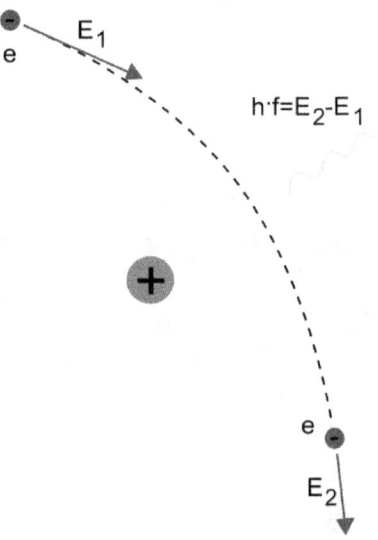

Fig. 10.2: Schematizzazione del processo alla base dell'emissione luminosa (Bremsstrahlung) di un gas estremamente caldo e rarefatto, come quello che possiamo osservare negli spazi tra le galassie di un ammasso. Quando un elettrone sente la forza elettrica esercitata da un protone subisce un'accelerazione ed emette un fotone molto energetico, principalmente di lunghezza d'onda X.

mazione di ogni tipo di legame molecolare; ad una temperatura superiore ai 10000 K cominciano a rompersi anche i legami tra elettroni e nuclei atomici (ionizzazione). Quando un gas possiede una temperatura di diversi milioni di gradi, tutti i legami chimici ed elettronici sono impossibili. Il gas è in uno stato completamente ionizzato, o di plasma: gli elettroni sono sempre separati dai protoni.

Sebbene separati, protoni ed elettroni continuano a sentire la loro reciproca presenza.

Quando, a causa dei violenti moti indotti dalla temperatura, un elettrone si trova per caso a passare vicino ad un protone, ne sente, per breve tempo, l'attrazione elettrica che ne modifica, seppur di poco, la traiettoria, fino a quel momento rettilinea.

Ogniqualvolta una carica subisce un'accelerazione emette radiazione elettromagnetica: questo è un comportamento fondamentale della Natura.

Nel momento in cui il protone devia la traiettoria dell'elettrone, facendogli percorrere un arco di circonferenza, lo sottopone ad un'accelerazione, quasi esclusivamente centripeta: l'elettrone emette, di conseguenza, radiazione elettromagnetica. Visto che la radiazione elettromagnetica è energia, per il principio di conservazione essa deve provenire da qualche parte e non può crearsi dal nulla. L'energia emessa deriva direttamente dall'energia di moto, più precisamente energia cinetica, dell'elettrone.

Ogni volta che un elettrone emette un fotone, a causa dell'interazione con un protone, subisce un lieve rallentamento. E' questo il motivo per il quale la radiazione così emessa è chiamata radiazione di frenamento, perché lentamente, ma inesorabilmente, porta ad un rallentamento degli elettroni (e dei protoni) quindi ad un progressivo raffreddamento del gas. Questo processo, nel caso di gas rarefatti, è il principale responsabile del raffreddamento stesso del gas.

La quantità e la lunghezza d'onda dell'emissione dipendono dalla temperatura e densità del gas. Lo spettro tipico è sempre spostato verso energie elevate, come i raggi X.

Negli ambienti intergalattici questo gas è così rarefatto che il tempo medio di raffreddamento è dell'ordine almeno dell'età dell'Universo, detto anche tempo di Hubble: in pratica, ancora una volta dobbiamo concludere che l'Universo è troppo giovane per contenere ammassi di galassie privi di gas caldo.

Negli ambienti intergalattici possiamo quindi mettere in mostra la presenza di gas caldo osservando alle lunghezze d'onda X dello spettro elettromagnetico. Sebbene questa ipotesi sia stata formulata da tempo, solamente negli ultimi decenni è stato possibile provarla, perché i raggi X (fortunatamente) sono completamente bloccati dall'atmosfera terrestre. Se vogliamo studiare qualsiasi sorgente a queste lunghezze d'onda, occorre costruire satelliti che non abbiano l'atmosfera come ostacolo insormontabile.

Torniamo sugli ammassi di galassie e concentriamoci ora su alcune proprietà delle singole galassie.

Non tutti gli ammassi di galassie sono, infatti, uguali e capire eventuali differenze e raggruppamenti è fondamentale per procedere nel nostro studio.

Forma, distribuzione delle galassie, concentrazione e popolazione galattica sono gli elementi che differenziano un ammasso da un altro.

Sulla scia della classificazione di Hubble per le galassie, alcuni astronomi hanno classificato anche gli ammassi di galassie, secondo uno schema che ricorda, in certi casi, il classico diagramma a diapason di Hubble (Fig. 1.8).

Una delle classificazioni più utilizzate è quella ad opera di Rood e Sastry, basata sulla distribuzione apparente (perché non tiene conto dell'effetto della proiezione sulla sfera celeste) delle 10 galassie più luminose dell'ammasso.

Le classi identificate sono sei (Fig. 10.3):

cD: Ammassi dominati da una singola galassia ellittica di tipo cD (Abell 2029, Abell 2199).

B: Ammasso dominato da due galassie binarie ellittiche (ammasso della Chioma di Berenice).

L: Disposizione lineare di galassie (Perseus)

C: Nucleo singolo formato da una serie di galassie.

F: Ammasso piatto, con distribuzione uniforme (IRAS 09104+4109)

I: Ammasso con distribuzione irregolare e senza un nucleo definito (Hercules).

Questa è solamente una delle classificazioni che cercano di catalogare i migliaia di ammassi di galassie conosciuti, alla ricerca di alcune proprietà che possano aiutare gli astronomi ad una loro migliore comprensione.

La classificazione ad opera di Rood e Sastry è interessante perché in essa si può leggere un andamento probabilmente evolutivo degli ammassi, la cui struttura e distribuzione delle galassie è direttamente collegata alla loro età. Vedremo meglio questo argomento tra poche pagine (paragrafo 10.3).

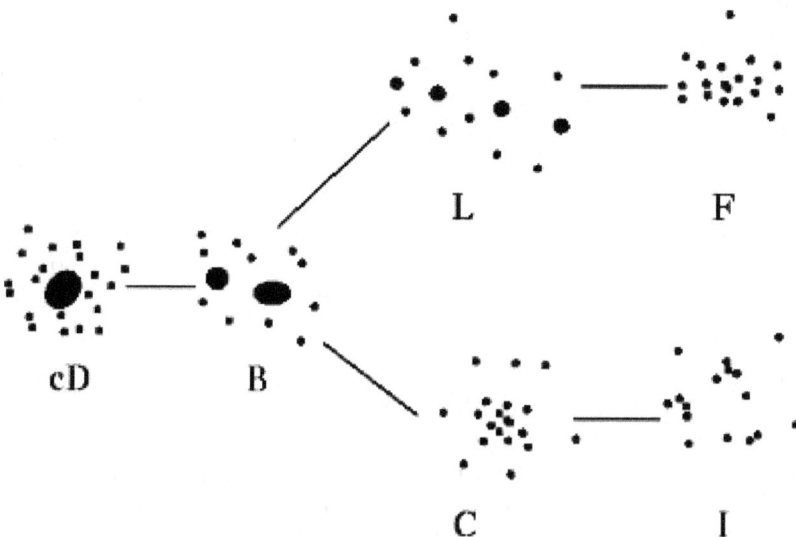

Fig. 10.3: Classificazione degli ammassi di galassie secondo le osservazioni di Rood e Sastry, in base alla distribuzione delle 10 galassie più luminose dell'ammasso. Notate la somiglianza con il diagramma a diapason di Hubble per la classificazione delle galassie (Fig. 1.8). Contrariamente al diagramma di Hubble, si pensa che questa classificazione possa avere anche qualche correlazione con l'evoluzione delle strutture, quindi con l'età dell'ammasso. Una struttura più organizzata, con una concentrazione centrale ben identificata, potrebbe essere l'indizio di un ammasso che ha raggiunto un equilibrio, mentre, al contrario, una forma disorganizzata e priva di grandi concentrazioni di massa potrebbe rivelare un ammasso particolarmente giovane.

10.2 La materia oscura negli ammassi di galassie

Riprendiamo l'esempio del paragrafo precedente per raccogliere altre informazioni. Consideriamo una tipica galassia che orbita attorno al centro di massa di un ammasso, alla distanza di 13 milioni di anni luce, con una velocità orbitale di 1000 km/s. Riusciamo a capire quanta materia deve essere presente, all'interno dell'orbita della galassia, per esercitare una forza gravitazionale da rendere necessaria una velocità orbitale di 1000 km/s?

La risposta è chiaramente affermativa, anche perché abbiamo già visto che una stima della quantità di materia di un corpo celeste si può effettuare proprio dall'analisi del moto di un altro corpo che gli orbita intorno. E' in questo modo che abbiamo ipotizzato l'esistenza della materia oscura nel capitolo riguardante le galassie a spirale (paragrafo 4.1).

In questo caso il modo di procedere è lo stesso, solamente che cambia lo scenario: invece dell'analisi delle stelle in rotazione attorno al bulge galattico, ci troviamo di fronte alle galassie in rotazione attorno al centro di massa dell'ammasso.

Come si può effettuare una rozza stima della massa necessaria per rendere possibile una velocità di rotazione di 1000 km/s?

Abbiamo due modi, da scegliere a seconda delle nostre preferenze e di quale relazione meglio ricordiamo. Vale la pena vederli entrambi.

Il primo metodo si sviluppa su alcune considerazioni logico-fisiche. Se la velocità orbitale della galassia è di 1000 km/s e la sua orbita è stabile, questo significa che se l'oggetto andasse sensibilmente più lento cadrebbe verso il centro, mentre se andasse molto più veloce se ne andrebbe via, ovvero avrebbe una velocità maggiore o uguale alla velocità di fuga dall'ammasso. Possiamo allora pensare che la velocità orbitale faccia da confine tra un regime che porterebbe la galassia a precipitare nel centro e una configurazione che la farebbe uscire dall'ammasso (velocità di fuga). In altre parole, possiamo azzardare l'ipotesi che la velocità orbitale non sia troppo distante dalla velocità di fuga. Ricordando la formula della velocità di fuga vista in 8.2:

$$v_f = \sqrt{\frac{2GM}{r}}$$, ci possiamo ricavare la massa responsabile di tale ve-

locità: $M = \dfrac{rv_f{}^2}{2G}$, pari a circa 10^{15} masse solari, ovvero 1 milione di

miliardi di volte maggiore della massa del Sole!

Il secondo metodo è più preciso e prevede l'utilizzo della terza legge di Keplero (che qui non vediamo) e della conseguente relazione per le velocità kepleriane di sistemi gravitazionalmente legati vista in 4.1:

$v = \sqrt{\dfrac{GM}{r}}$. Come possiamo vedere, la velocità orbitale è solamente

$\sqrt{2}$ volte, ovvero 1,41 volte minore della velocità di fuga che abbiamo utilizzato nel primo punto, portando quindi a risultati che hanno lo stesso ordine di grandezza. Quando si devono fare calcoli approssimati, detti per ordine di grandezza, è indifferente usare l'una o l'altra relazione. La relazione per la velocità di fuga è leggermente più facile da derivare e anche da trovare in testi e siti web, trovando in questo caso un valido utilizzo.

Abbiamo stimato che un tipico ammasso di galassie ha una massa pari a circa 10^{15} masse solari.

Se consideriamo che una galassia ha in media una massa di 100 miliardi di volte quella del Sole, quindi circa 10^{11} masse solari, scopriamo che questo tipico ammasso dovrebbe contenere 10000 galassie.

Come abbiamo visto però, il numero di galassie in un tipico ammasso è circa 10 volte inferiore.

Questo calcolo approssimato, quindi, cosa ci ha permesso di scoprire? Che anche negli ammassi di galassie esiste una grande quantità di materia oscura, di gran lunga superiore rispetto alla materia visibile e in proporzioni paragonabili a quella presente nell'alone delle singole galassie. In realtà, per le galassie contenute negli ammassi non ha più molto senso parlare di alone di materia oscura riferito alla singola componente (soprattutto per quelle nel centro), visto che tutte le galassie sono immerse nel mare di materia oscura regolato dalle proprietà dell'ammasso.

Ricordando il significato del rapporto massa/luminosità (vedi 4.2) e basandoci su dati un po' più precisi, scopriamo che negli ammassi di galassie si raggiungono rapporti massa-luminosità anche di 400, ben oltre quelli, già elevati, stimati nelle galassie a spirale.

Per provare quanta materia oscura esista nelle galassie e compilare una mappa che ne descriva la distribuzione, non possiamo fare a meno di immagini e di precisi lavori di mappatura gravitazionale.

Un recente lavoro svolto a partire dai dati raccolti dal telescopio spaziale Hubble ha permesso di mappare in modo davvero unico la quantità di materia oscura presente in un tipico ammasso di galassie, risultando almeno 8 volte maggiore rispetto alla massa totale che è possibile osservare, comprese le ingenti quantità di gas estremamente caldo nei pressi del centro. Le proporzioni tipiche tra materia visibile ed oscura sono così divise: l'80-85% di tutta la materia è oscura, il restante 20% è visibile; tra questo circa il 10% è concentrata nelle galassie, mentre il restante 10% (o più) costituisce il gas caldo tra le galassie stesse.

In merito alla distribuzione, in analogia con la struttura delle singole galassie, si potrebbe pensare che anche in questi casi la materia oscura si concentri nelle parti periferiche, o addirittura possa formare un immenso alone attorno all'ammasso, vivendo perennemente separata dalla materia visibile e contribuendo in maniera fondamentale all'interazione con altri ammassi.

Dalle osservazioni sopra citate se ne deduce, in modo abbastanza sorprendente, che la distribuzione della materia oscura non segue affatto l'andamento appena ipotizzato. Negli ammassi di galassie, non in collisione o in formazione, la materia oscura non è più separata dalla materia luminosa (come nelle galassie), ma ha una distribuzione simile, concentrandosi nelle regioni centrali e con confini simili a quelli della materia luminosa.

Questo risultato ci suggerisce che in fasi quasi quiescenti e semi-stabili degli ammassi, la materia oscura abbia avuto il tempo di riadattarsi secondo la forza gravitazionale ed assumere una distribuzione simile alla materia visibile, la quale, a causa di processi dissipativi e ai campi magnetici, ha una risposta molto più rapida. Gli astronomi sono riusciti addirittura a capire che la materia oscura riesce a seguire il moto di galassie che lentamente si apprestano a migrare verso le regioni interne degli ammassi, a patto che il moto sia lento.

Il risultato sembra quindi abbastanza evidente: la materia oscura non vive perennemente separata da quella visibile, piuttosto le sue caratteristiche chimico-fisiche rendono necessari tempi ben più lunghi per avere una distribuzione modellata dalla gravità, l'unica forza in grado di disporla esattamente come succede per la materia visibile.

Perché la materia visibile sembra "sentire" la forza di gravità in modo maggiore? Perché essa è costituita da particelle che interagiscono perdendo energia attraverso urti e perché sono soggette anche alla forza elettromagnetica, presente all'interno delle galassie e degli ammassi. In altre parole, le interazioni tra le particelle e con gli stessi campi magnetici, si aggiungono all'effetto della forza di gravità, amplificandolo. La materia oscura non sembra subire alcun fenomeno di dissipazione di energia, non sembra essere sensibile ai campi magnetici galattici ed intergalattici, ne ad alcun tipo di radiazione, per questo motivo ha bisogno di più tempo per "assestarsi" sotto l'azione della sola forza di gravità.

Se lo scenario appena descritto fosse realistico, dovremmo aspettarci una distribuzione di materia oscura ben diversa in ammassi in formazione, o in interazione, e generalmente in tutti gli agglomerati che non si trovano in una fase stabile o quasi.

In queste situazioni ad alta energia e dinamicità, la materia oscura non dovrebbe riuscire a "seguire" i cambiamenti molto più veloci di quella luminosa, influenzati anche dalla forza elettromagnetica (il gas caldo è ionizzato e sente i campi magnetici, contrariamente alle particelle neutre).

Quando i processi dissipativi sono predominanti, le velocità elevate, le interazioni tra galassie predominanti, la materia oscura non riesce ad adattarsi ai repentini cambiamenti, restando confinata nella periferia e lasciando il posto alla materia visibile, che invece riesce a seguire perfettamente anche i cambiamenti più rapidi.

Nell'immagine 10.4 possiamo notare come nella collisione tra due ammassi di galassie la materia oscura resti confinata ai limiti delle due strutture, a regolare la dinamica della collisione.

Abbiamo la prova di quanto ipotizzato poche pagine addietro: la materia oscura, quindi, reagisce molto più lentamente ad eventuali cambiamenti all'interno delle galassie e degli ammassi stessi, proprio perché sente solamente l'attrazione gravitazionale e non tutti i processi dissipativi (attrito) ed elettromagnetici della materia visibile.

Dall'analisi di questo peculiare comportamento è anche possibile cercare di stabilire proprietà e caratteristiche delle particelle che compongono la materia oscura. Non è un caso se gli astronomi cercano proprio negli ammassi di galassie la soluzione a tutti i problemi connessi con questo particolare tipo di massa.

Facciamo ora un passo indietro e torniamo a considerare il caso in cui l'ammasso è stabile e la materia oscura ha avuto il tempo di distribuirsi, con una concentrazione maggiore nelle regioni centrali, "mescolata" alla materia visibile, perché possiamo dire qualcosa in merito alla sua composizione.

Se al centro degli ammassi le condizioni implicano che la materia ordinaria abbia temperature elevatissime, ci aspettiamo che tutto il gas in queste regioni abbia queste caratteristiche. Invece la parte di materia oscura non sembra sentire le condizioni di alta temperatura di queste zone: la conclusione è che sicuramente non può trattarsi di materia ordinaria, altrimenti avrebbe proprietà simili a quelle del gas caldo, con il quale condivide la stessa zona di spazio.

L'insensibilità agli intensi campi magnetici suggerisce che queste particelle devono essere neutre. Le scarse (o assenti) interazioni reciproche attraverso gli urti (che aumenterebbero la temperatura) suggerisce che possa trattarsi di particelle piuttosto piccole, in termini più specifici con una sezione d'urto molto ridotta.

Le uniche particelle attualmente conosciute che soddisfano quanto detto sono i neutrini. Se, tuttavia, assumiamo che tutta la materia oscura sia composta da neutrini, ne ricaviamo una quantità di gran lunga inferiore a quella osservata dalle analisi gravitazionali.

Sicuramente devono esistere altre particelle, forse ancora sconosciute, dalle proprietà simili a quelle dei neutrini (non interazione con la materia, insensibilità agli ambienti astrofisici del centro che ne farebbero aumentare la temperatura) che compongono la materia oscura. Come visto nel paragrafo 4.1, si parla generalmente di WIMP (Weakly Interacting Massive Particles: particelle massive debolmente interagenti), una famiglia di particelle con proprietà simili a quelle dei neutrini, ma con massa maggiore, si pensa addirittura 100 volte quella del protone, quindi con moti molto più lenti.

Parallelamente ai neutrini e alle WIMP, si parla anche di MACHO, ovvero di corpi celesti di taglia planetaria e stellare che per processi fisici non emettono una quantità di radiazione sufficiente per essere rilevata. MACHO è infatti l'acronimo inglese per Massive Astrophysical Compact Halo Objects e raggruppa pianeti, nane brune e buchi neri senza dischi di accrescimento: tutti oggetti composti da materia "ordinaria", ma impossibili da osservare direttamente a causa della loro debolezza intrinseca e delle grandi distanze alle quali si trovano.

A prescindere dalla composizione della materia oscura, lo scenario che si presenta agli astronomi è ben raffigurato nell'immagine della pagina seguente (10.4).

10.4: Questa immagine mostra due ammassi stellari in collisione e la distribuzione del gas caldo e della materia oscura durante queste fasi piuttosto attive. La materia oscura durante questi violenti eventi sembra fare da spettatrice, concentrandosi nelle periferie. Solamente quando la struttura si è stabilizzata, la distribuzione della materia oscura segue quella del gas caldo, concentrandosi nelle regioni centrali.

La mappatura della materia oscura negli ammassi di galassie può essere condotta sia analizzando i moti delle singole galassie, che, soprattutto, analizzando i fenomeni di lente gravitazionale prodotti su sorgenti al di là dell'ammasso.

Attraverso l'analisi fotometrica nelle regioni visibili, infrarosse e soprattutto X dello spettro elettromagnetico, è possibile risalire alla massa visibile, da confrontare con quella stimata dall'effetto di lente gravitazionale.

L'analisi della massa attraverso lo studio delle lenti gravitazionali costituisce un metodo efficiente e soprattutto indipendente dall'analisi dei moti delle galassie, rafforzando la teoria della materia oscura a di-

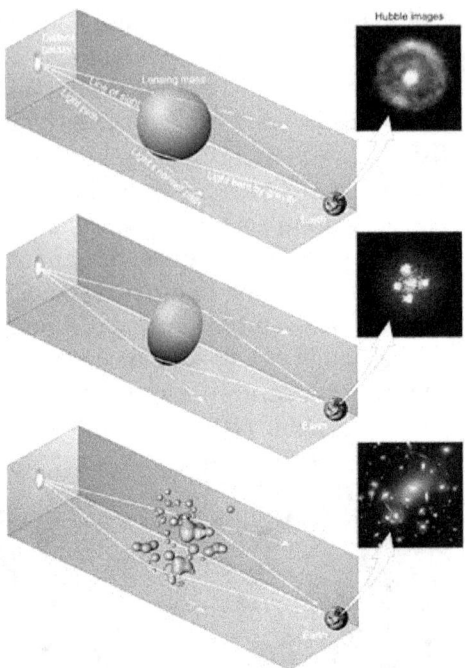

Fig. 10.4: Schematizzazione del processo di lente gravitazionale, alla base della mappatura della materia oscura negli ammassi di galassie. Un ammasso si comporta come una lente; la deviazione dei raggi provenienti da una sorgente lontana è direttamente legata alla massa.

scapito delle teorie MOND, le quali non sono in grado di spiegare l'effetto di lente gravitazionale, ma solamente giustificare i moti delle stelle e delle galassie.

Questo punto sembra fondamentale: se il moto di stelle e galassie fosse dovuto ad una diversa forma della seconda legge di Newton, tale da non rendere necessaria la postulazione di massa mancante, come è possibile spiegare l'effetto di lente gravitazionale, indipendente dalla seconda legge di Newton, ma direttamente collegato alla quantità di materia presente?

Che sia sbagliata anche parte della teoria della relatività generale riguardante l'effetto lente gravitazionale, nonostante non si siano mai avute prove in tal senso?
Quanto descritto sembra quantomeno improbabile, per questo motivo la teoria "standard", per quanto ancora incompleta, è largamente accettata tra la comunità astronomica mondiale.

10.5: Distribuzione della materia oscura in un ammasso di galassie con una struttura stabile da almeno qualche miliardo di anni. La materia oscura ha avuto il tempo di "rilassarsi" e distribuirsi secondo la forza di gravità, seguendo e mischiandosi alla materia visibile, soprattutto al gas caldo intergalattico. Quando la struttura dell'ammasso non è in equilibrio, la materia oscura si presenta separata da quella visibile (vedi immagine 10.4).

Gravitational Lens in Abell 2218   HST · WFPC2

PF95-14 · ST ScI OPO · April 5, 1995 · W. Couch (UNSW), NASA

10.6: Effetto di lente gravitazionale causato dall'ammasso di galassie Abell 2218. La grande massa di questa struttura è in grado di distorcere e scomporre la luce delle galassie che prospetticamente ci appaiono dietro di essa. Le immagini multiple e gli archi di luce che potete vedere sono da imputare a questa proprietà della materia, che distorce letteralmente lo spazio-tempo e quindi anche il tragitto della luce. Il fenomeno è descritto perfettamente dalla teoria della relatività generale di Einstein.

10.3 Formazione ed evoluzione

Come abbiamo appreso nel corso di tutto il volume, l'Universo non è mai un luogo statico ed immobile; questo riguarda anche gli ammassi di galassie, oggetti in continua e forse perenne evoluzione.

La formazione degli ammassi di galassie è da inquadrare nei processi successivi al Big Bang.

Nel capitolo precedente, dedicato alla formazione delle galassie (capitolo 9), ci siamo concentrati solo su questi oggetti, isolandoli dall'ambiente esterno. In questo paragrafo cerchiamo di completare il discorso accennando alla formazione degli ammassi di galassie.

Prima di tutto dobbiamo osservare che in realtà negli ammassi di galassie non si concentrano tutte le galassie dell'Universo.

In realtà solamente il 10%, o poco più, delle galassie dell'Universo si trova raggruppato negli ammassi. Il restante 90%, di massa minore rispetto alla media delle componenti degli ammassi e distribuzione diversa (spirali o ellittiche nane), sono definite di campo. Un'analogia può ancora essere fatta con gli ammassi stellari e la popolazione di una galassia. Possiamo immaginare una galassia (la Via Lattea) come se fosse l'Universo e le stelle alla stregua delle galassie. E' evidente che non tutte le stelle fanno parte di ammassi aperti, anzi, una notevole quantità non è disposta in questi grandi gruppi, ma si trova sparsa nel disco, magari in compagnia di qualche altra componente.

Per le galassie e gli ammassi di galassie la situazione è simile.

Nessuna galassia dell'Universo è completamente isolata, ma solo il 10% fa parte di un ammasso. Le altre possono costituire gruppi più o meno folti, come il gruppo locale, oppure non far parte di alcun sistema gravitazionalmente legato.

Ora che conosciamo meglio la reale proporzione e popolazione degli ammassi, possiamo cercare di capire il modo in cui si sono formati, aiutandoci con i processi già descritti nel caso delle galassie.

Durante le prime fasi di vita dell'Universo, dopo l'epoca del disaccopppiamento materia-radiazione (radiazione cosmica di fondo, 300000 anni dopo la nascita dell'Universo), i processi gravitazionali hanno guidato la storia della materia. Le piccole perturbazioni presenti e rilevabili nel fondo cosmico di radiazione sono cresciute ed hanno cominciato a dare vita a nubi, entro le quali sono nate inizialmente le stelle di Popolazione III. Successivamente, dopo la loro esplosione e la conseguente re-ionizzazione della materia, si sono potute aggregare strutture più grandi (che richiedono più tempo) per dare vita alle protogalassie.

Secondo questo andamento, in cui le strutture a più piccola scala si aggregano prima di quelle di dimensioni maggiori, è plausibile pensare che la formazione delle galassie abbia sicuramente richiesto meno tempo rispetto alla formazione dei primi ammassi. Questa sorta di processo gerarchico ha quindi collocato la formazione degli ammassi di galassie all'ultimo (o quasi, successivamente vi sono i superammassi) gradino della formazione dell'Universo.

Se questa è la dinamica, allora possiamo affermare che la nascita degli ammassi è un procedimento di tipo "bottom-up" (vedi 9.4), ovvero per aggregazione successiva di galassie e protogalassie già formate, non di singole nubi.

Le protogalassie, nate nelle zone a maggiore densità dell'Universo, hanno cominciato a sentire la mutua attrazione gravitazionale e a concentrarsi fino a formare il protoammasso, una struttura gravitazionalmente legata, ma in fase ancora di rapida evoluzione.

Il processo "bottom-up" e la gerarchia dell'Universo trovano una solida base anche considerando l'espansione dell'Universo che fino ad ora non abbiamo citato, ma che deve aver giocato un ruolo molto importante nella nascita degli ammassi di galassie.

Se, come abbiamo accennato, l'espansione fa sentire i suoi effetti solamente su scale spaziali molto grandi (paragrafo 1.2), tanto che non è considerata nei processi di formazione di stelle e galassie, non si può dire la stessa cosa nel caso degli ammassi di galassie. Gli spazi tra le galassie sono sufficientemente vasti per far si che l'espansione riesca ad opporsi alla forza di gravità, la quale tende ad attrarre ed aggregare tutta la materia.

Se i primi ammassi si sono potuti formare è stato perché l'attrazione gravitazionale ha vinto la repulsione causata dall'espansione dell'Universo, ma questa "battaglia" con la forza di gravità ha introdotto un ulteriore "ritardo" non trascurabile nella formazione degli ammassi. Probabilmente questo ritardo è stato di importanza fondamentale per far si che le singole galassie avessero il tempo di formarsi

180

ed allontanarsi, altrimenti, forse, un collasso senza ostacoli avrebbe impedito la formazione delle galassie, addirittura di strutture in grado di alimentarsi ed alimentare l'Universo stesso per decine di miliardi di anni.

L'espansione dell'Universo continua a far sentire i suoi effetti e probabilmente ad essere uno dei regolatori dell'equilibrio degli ammassi galattici.

Nell'ammasso primordiale (a partire da 2 miliardi di anni dopo la nascita dell'Universo) gli scontri galattici, soprattutto nelle zone centrali, hanno modellato la dinamica degli oggetti, producendo galassie ellittiche e attraendo massa ed altri oggetti verso queste regioni.

Queste prime fasi possono essere state molto concitate: al centro si sono create le grandi ellittiche e contemporaneamente il mezzo intergalattico si è arricchito di gas piuttosto caldo, fornito dalle interazioni galattiche e dall'esplosione delle supernovae generate dagli elevati tassi di formazione stellare. L'accrescimento di materia nelle zone centrali ha contribuito ad aumentare la massa delle galassie.

Il ruolo della materia oscura nelle fasi di formazione galattica non è ancora ben chiaro, perché la mappatura attraverso gli effetti di lente gravitazionale non è possibile per oggetti distanti miliardi di anni luce (ci vorrebbe una sorgente ancora più lontana e massiccia, ma semplicemente non esiste perché prima dei protoammassi non esistevano strutture sufficientemente grandi e brillanti!).

Anche considerando quanto visto nelle pagine precedenti, è presumibile che la materia oscura, durante le fasi di formazione dell'ammasso, sia rimasta concentrata nelle periferie senza interagire con la materia e con la dinamica della formazione, una specie di spettatore interessato a ciò che la materia visibile, nelle parti più interne stava creando. Solamente successivamente la forza di gravità ha potuto distribuire anche la materia oscura secondo un andamento simile alla materia visibile, giustificando quello che le osservazioni mostrano.

Sebbene le orbite delle galassie e la struttura intera dell'ammasso non sia cambiata in modo significativo dopo la fase di aggregazione, è comunque indubbio che nei miliardi di anni successivi gli ammassi abbiano continuato ad evolversi anche attraverso la cattura di altre galassie, o addirittura con la collisione con ammassi vicini, in un destino già scritto al tempo della loro nascita, che i moti delle singole componenti non hanno ancora avuto il tempo di cambiare (e probabilmente mai ne avranno la possibilità).

Secondo lo schema proposto, nel quale prima si aggregano le strutture a più piccola scala e successivamente le altre, è possibile ipotizzare che la creazione dei superammassi sia avvenuta ancora successivamente e che sia ancora in corso. In effetti, nulla ci dice che il processo di aggregazione di queste grandi strutture sia giunto a termine, anzi, tutte le osservazioni confermano che anche gli stessi ammassi non hanno raggiunto una stabilità. Può suonare strano, ma l'Universo è davvero ancora troppo giovane per aver avuto il tempo di completare questi processi.

Attualmente è molto difficile far ipotesi più precise, ma possiamo cercare in qualche modo di provare queste affermazioni attraverso delle osservazioni.

Se la dinamica descritta fosse questa, ci aspettiamo, guardando lontano nel tempo, di trovare ammassi leggermente diversi rispetto a quelli presenti nelle nostre vicinanze, in particolare dovremmo osservare densità leggermente minori, una struttura non ben organizzata come quella attuale, interazioni più frequenti tra le singole galassie ed anche interazioni tra ammassi stessi. Inoltre, se le galassie si sono aggregate prima, non dovremmo trovare ammassi già formati nelle prime fasi dell'Universo, nell'era delle prime galassie.

Le osservazioni degli ultimi anni hanno, almeno in parte, dato risposta agli interrogativi e cominciato a gettare un po' più di luce su questo problema.

Gli ammassi primordiali, situati a distanze alle quali compete un redshift (z) maggiore di uno (circa 9 miliardi di anni luce), sono meno massicci degli attuali, meno densi e composti da galassie arrossate dalle ingenti quantità di polveri che stanno ancora collassando per formare la loro struttura definitiva.

L'osservazione di alcuni protoammassi a distanze cosmiche notevoli, comprese tra $z = 4$-5 (quindi, secondo l'attuale modello di Universo a distanze comprese tra 12 e 13 miliardi di anni luce, Fig. 10.5) mostra come nelle zone centrali siano già presenti ingenti quantità di materia, messe in luce dalla presenza di massicci nuclei galattici attivi, di quelle che si ritengano essere grandi galassie. Questa osservazione sembra confermare che gli ammassi si siano sviluppati in zone più dense dell'ambiente circostante e il collasso sia avvenuto attorno a grandi componenti già presenti a quei tempi (sebbene con masse minori rispetto al tempo attuale).

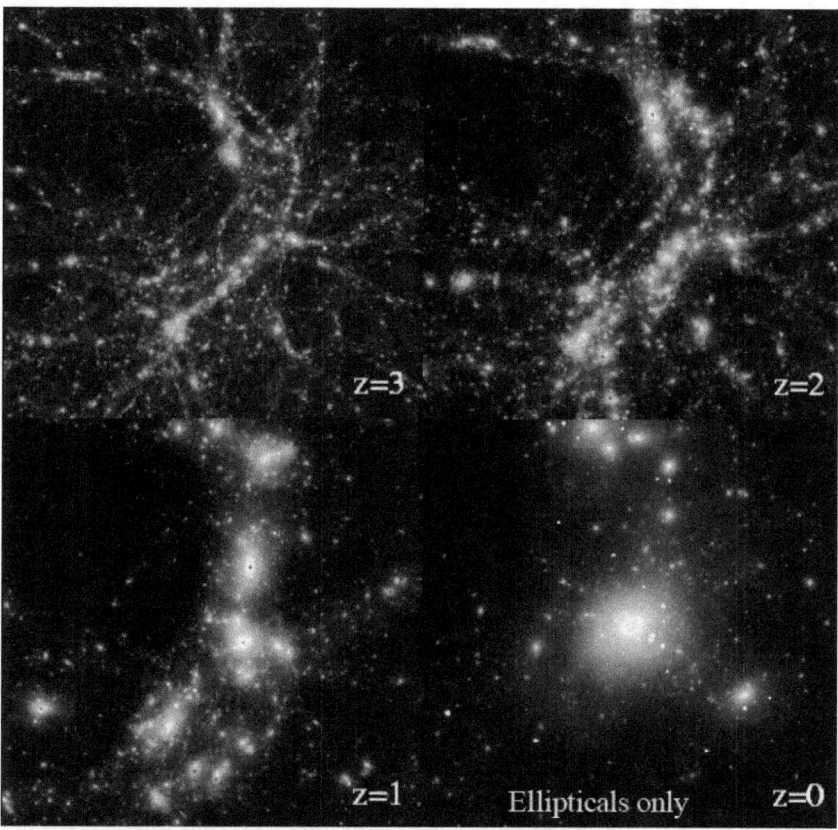

10.7: Fasi della formazione di un ammasso di galassie secondo il modello di accrescimenti successivi. I primi protoammassi si sono formati attorno a concentrazioni già esistenti di massa, in una fase successiva alla formazione delle galassie. Con il passare del tempo la struttura si è definita e stabilizzata. La massa centrale è aumentata notevolmente e grandi galassie ellittiche sono nate dai numerosi scontri.

Nelle fasi successive, le galassie nelle zone centrali hanno continuato ad accumulare materia, principalmente attraverso collisioni e fusioni, autoalimentandosi e dando origine alle gigantesche galassie che oggigiorno possiamo osservare in alcuni ammassi particolarmente ricchi.

I primi ammassi simili a quelli che conosciamo, quanto a densità, massa e forma, cominciano ad essere osservabili a distanze non superiori ai 5 miliardi di anni luce (z=1). Questa era cosmologica sembra fare da spartiacque tra una fase ancora giovane (protoammasso) ed una fase più matura e stabile.

L'evoluzione di un ammasso può procedere anche per collisioni e fusioni con altri ammassi nelle vicinanze.

Nel processo di aggregazione gerarchica, la creazione dei superammassi dovrebbe avvenire proprio per condensazione ed interazione di singoli ammassi. Una prova in questo senso ce l'ha fornita sempre il telescopio spaziale Hubble, coadiuvato dall'osservatorio a raggi X Chandra. Questi strumenti hanno ripreso diverse collisioni tra ammassi di galassie, alcune riguardanti più di due agglomerati: eventi la cui energia è seconda solamente al Big Bang che ha dato vita all'Universo stesso.

L'interazione tra due o più ammassi di galassie rappresenta la prova concreta che il processo di aggregazione continua anche alle epoche attuali, generando ed alimentando ammassi e superammassi.

Quale sia il destino che attende queste strutture tra altri miliardi di anni non è ancora chiaro, anche perché influenzato dall'evoluzione stessa della struttura dello spazio-tempo dell'Universo.

Le strutture che possiamo attualmente osservare sono ancora troppo giovani per fornirci dati sufficienti ad eventuali previsioni.

A riprova di questa affermazione, osserviamo attentamente l'ammasso della Vergine, il più vicino a noi, sia nello spazio che nel tempo.

Il primo punto che risulta evidente è la forma irregolare: ogni struttura in equilibrio dinamico dovrebbe avere una forma regolare.

Il secondo punto è la distribuzione delle galassie, sia nello spazio che, soprattutto, in velocità. Se infatti è abbastanza normale che al centro si trovino le grandi ellittiche, con le spirali concentrate nelle zone periferiche, non lo sono altrettanto le differenze cinematiche.

Le galassie denominate "early-type" (le ellittiche di tipo E, dE e le S0, anche nella variante nana, dS0) possiedono distribuzioni di velocità strette e dispersioni di circa 550 km/s, mentre quelle "late-type" (spirali ed irregolari) possiedono una distribuzione delle velocità molto più larga, con dispersioni di 900 km/s. Numeri a parte, questi due dati indicano una profonda differenza dinamica tra le due popolazioni: la prima, costituita dalle early-type, ha moti molto più ordinati della popolazione late-type. Questo è un forte indizio che le galassie late-type sono state catturate da poco tempo (pochi miliardi di anni fa), o addirittura sono ancora nella fase di caduta all'interno dell'ammasso, alla ricerca di un equilibrio. In termini più specifici, si dice che queste galassie non sono ancora dinamicamente rilassate, non possiedono cioè orbite stabili.

Questa analisi dimostra che l'Universo è effettivamente molto giovane per i tempi richiesti alla formazione completa di questi oggetti.

Se gli scenari sono quelli suggeriti dallo spaccato che possiamo avere attualmente, l'aggregazione dei superammassi potrebbe proseguire e dare vita ad oggetti ancora più grandi, fino a coinvolgere l'Universo intero, oppure il contributo dell'espansione dell'Universo, su scale ancora più grandi, potrebbe diventare predominante sull'attrazione gravitazionale e porre un limite invalicabile alle dimensioni di strutture gravitazionalmente legate.

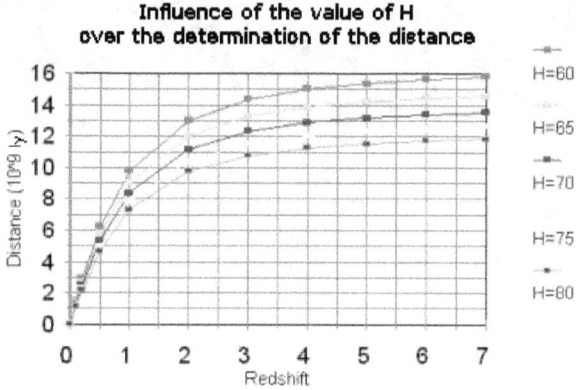

Fig. 10.5: Relazione tra il redshift cosmologico e la distanza. A causa della difficoltà di determinare la costante di Hubble, che cambia le distanze in gioco, gli astronomi preferiscono usare direttamente il valore del redshift misurato, oggettivo e non variabile, per rendere l'idea delle distanze e dei tempi dell'Universo. Il valore attualmente più accettato per la costante di Hubble è 70 km/s/Mpc.

185

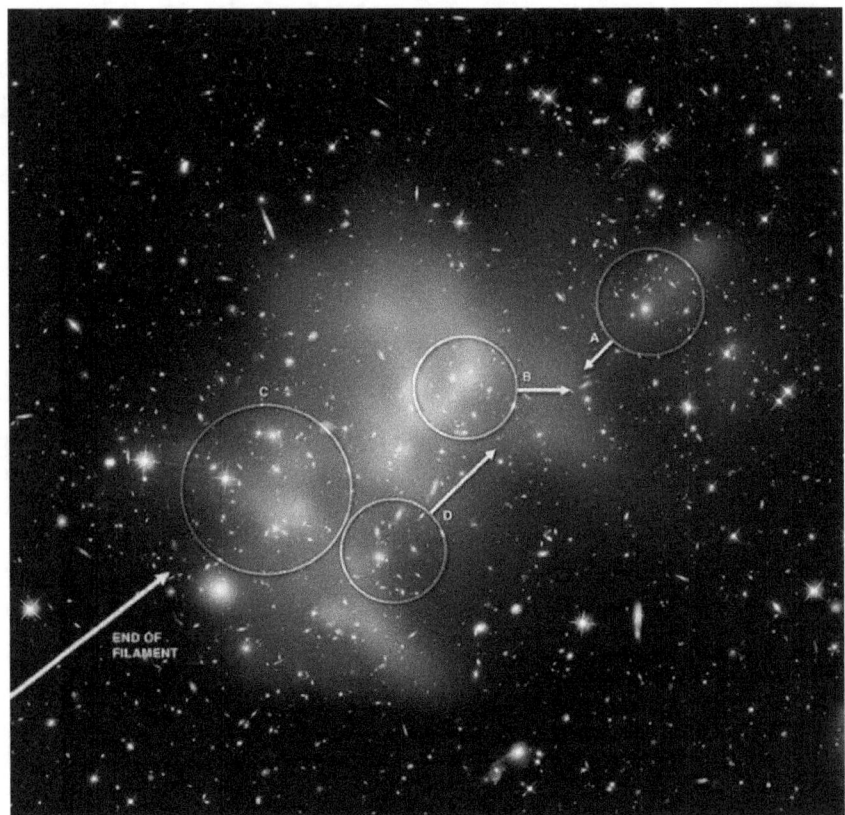

10.8: Questa immagine mostra la collisione in corso tra ben 4 ammassi di galassie e l'enorme quantità di gas estremamente caldo che avvolge l'intera struttura. L'immagine è il risultato della sovrapposizione di una ripresa nel visibile (Hubble), per mostrare le galassie, e nei raggi X (Chandra), per il gas. La collisione tra ammassi di galassie non è un evento raro, piuttosto un modo abbastanza frequente attraverso il quale queste strutture evolvono. L'ammasso è chiamato MACSJ0717.5+3745.

10.4 Il grande attrattore

La nostra Galassia, come abbiamo già visto, fa parte del gruppo locale, contenente circa 30 galassie, ai margini dell'ammasso della Vergine e parte del superammasso locale, dalle dimensioni prossime ai 200 milioni di anni luce.

I superammassi, come suggerisce la parola, sono strutture "superiori" agli ammassi, formate da decine di ammassi di galassie, costituendo le strutture più grandi dell'Universo e quelle che si sono formate per ultime. Oltre questa scala spaziale esso diventa omogeneo ed isotropo in ogni direzione.

Come ormai ben sappiamo, la forza di gravità agisce su una scala infinita e di fatto anche il superammasso locale, o almeno alcune sue componenti, risentono dell'attrazione gravitazionale di altri superammassi vicini.

Analizzando i moti delle galassie del gruppo locale possiamo farci un'idea abbastanza precisa delle masse in gioco e della loro distribuzione.

Proprio da questa analisi, sulla carta facile, ma nella pratica estremamente complessa, nel 1986 un gruppo di astronomi scoprì un'anomalia gravitazionale che non trovava riscontro nelle immagini, denominata grande attrattore.

Analizzando il moto di molte galassie nelle vicinanze, eliminando il contributo dovuto dall'espansione dell'Universo, ci si accorse che il gruppo locale, l'ammasso della Vergine, lo stesso superammasso locale e addirittura il vicino superammasso di Idra-Centauro, sono attratti verso una regione di spazio apparentemente priva di grandi strutture, da una massa di almeno 10000 volte quella della nostra galassia (superiore, quindi, alla massa dell'ammasso e dello stesso superammasso della Vergine), con velocità comprese tra 600 km/s, per il gruppo locale, e 1000 km/s per l'ammasso della Vergine.

A causa della posizione proprio lungo il disco della nostra galassia, le osservazioni telescopiche alla ricerca di quello che si pensa essere un grande superammasso di galassie sono state vane, perché rese inefficienti dalle polveri e dal gas interstellare.

Lo studio dei moti delle componenti del gruppo locale ha identificato inizialmente il grande attrattore in una zona nei pressi della costellazione del Centauro, all'interno del superammasso locale, ma per decenni non si sono trovate prove dirette dell'esistenza di questa immensa struttura. Qualche astronomo era arrivato addirittura alla conclusione che il grande attrattore avrebbe potuto essere una gigantesca distesa di materia oscura e nubi molecolari fredde prive di stelle e materia luminosa.

Con l'avvento dei moderni telescopi orbitanti a raggi X, è stato possibile indagare più a fondo questa intrigante regione di cielo, gettando nuova luce su questo mistero astrofisico e ridimensionando la teoria del grande attrattore.

La forza gravitazionale che attrae le galassie del superammasso, compreso gruppo locale e ammasso della Vergine, sembra essere causata principalmente dalla presenza del "vicino" superammasso di Shapley (650 milioni di anni luce), o da un ammasso molto esteso e compatto nelle sue vicinanze, la cui massa è stata sottostimata di molte volte nelle precedenti osservazioni.

Attualmente si ritiene che nella direzione del grande attrattore esista effettivamente qualche struttura non ancora individuata, probabilmente un ammasso di galassie, ma allo stesso tempo il giudizio è abbastanza unanime nel ritenere che la massa non sia così spropositata come si pensava un tempo, tanto da mettere in difficoltà gli scienziati che non riuscivano ad osservare una concentrazione così poderosa di materia. Le sorprese nell'Universo non mancano mai!

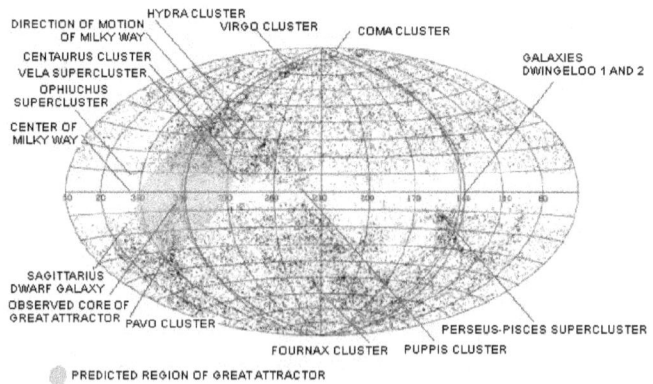

Fig. 10.6: Posizione degli ammassi di galassie più vicini e del grande attrattore, una regione di spazio che sta attraendo verso di se l'intero superammasso locale.

Bibliografia

Testi

Tutti i testi di approfondimento sulle galassie e la struttura dell'Universo sono in inglese, ma questo non dovrebbe rappresentare un ostacolo alla vostra voglia di conoscere.

- **An Introduction to Modern Astrophysics**; Bradley W. Carroll, Dale A. Ostlie
- **Galactic Astronomy** (Princeton Series in Astrophysics); James Binney, Michael Merrifield
- **Galactic Dynamics** (Princeton Series in Astrophysics); James Binney, Scott Tremaine
- **Galaxies in the Universe: An Introduction**; Linda S. Sparke, John S. Gallagher III

Link e risorse web

- http://arxiv.org : grande database contenente migliaia di articoli scientifici, liberamente consultabili, pubblicati su riviste del settore.
- http://adswww.harvard.edu : il database contenente tutti i titoli degli articoli scientifici degli ultimi 100 anni. Molti articoli sono liberamente consultabili.
- http://www.wikipedia.org : l'enciclopedia libera più grande del mondo mette a disposizione molte informazioni su tutti i temi dell'astronomia. La versione in lingua inglese è molto più completa ed aggiornata rispetto a quella italiana.
- http://www.google.com: forse la risorsa più ampia che possiate avere. Una giusta ricerca degli argomenti di vostro interesse vi consentirà di trovare risposte a tutte le vostre domande. State attenti nel consultare solamente siti contenenti informazioni attendibili.